兵器と防衛技術シリーズⅢ ①

航空装備技術の最先端

防衛技術ジャーナル編集部　編

はじめに

　当協会では、平成17年（2005年）10月に「兵器と防衛技術シリーズ・全6巻（および別巻1）」を発刊したのに続き、平成28年（2016年）には「新・兵器と防衛技術シリーズ・全4巻」を刊行しました。そして今回、新たに「兵器と防衛技術シリーズIII」の第1巻として「航空装備技術の最先端」がここに完成しました。

　本シリーズは、月刊『防衛技術ジャーナル』誌に連載した防衛技術基礎講座を各分野ごとに分類・整理して単行本化したものです。シリーズ I は防衛技術全般にわたって体系的・網羅的に解説したものでしたが、シリーズ II ではトピック的な技術情報なども取り入れました。そして今回のシリーズIIIでは、さらにアップデートされた最先端情報も取り入れています。

　「航空装備技術の最先端」に収録したのは、令和2年11月号〜令和3年11月号で掲載された記事です。今後は、「電子装備技術の最先端」「陸上装備技術の最先端」「艦艇装備技術の最先端」の順で逐次刊行していく予定です。

　なお、本書の発刊に当たって掲載を快くご同意くださいました下記の執筆者の皆様に厚く御礼申し上げます。

　大澤　啓幸、菊池　裕二、小林　良之、澁井　峻、高木　良規、高橋仙一、中山　久広、福江　俊彦、松本　慎介、安永　能子、山下　皓大、山根　喜三郎。　　　　　　　　　　　　　（以上50音順、敬称略）

令和5年1月
「防衛技術ジャーナル」編集部

— 航空装備技術の最先端 —

目　　次

はじめに

第1章

機体関連の先進技術

1. ウェポン内装化技術

1.1 ウェポン外装から内装へ

　誘導弾や爆弾等のウェポンを戦闘機の内部に搭載（内装）する技術自体は古く、米国において1950年代に運用を始めたF-101、F-102やF-106（**図1-1**）など、いわゆる第2世代ジェット戦闘機まで遡る。この世代に戦闘機の最大速度は音速を遙かに超え、さまざまな新しい技術が生み出され、次々に新型機が開発されていた。ウェポンの内装化も空力抵抗の低減によって飛行速度の向上を企図した技術の一つであった。

　しかし、その後の戦闘機はウェポンの外装が主流になり、実験機や試作機を除くと1990年のF-22の登場までウェポンベイを有する戦闘機は現れていない。ウェポン内装化による機体設計上の制約やエンジン推力の向上、低抵抗爆弾の普及などにより、ウェポンを胴体や翼下のパイロン等に懸架し外装する方が性能上有利であったためと考えられる。

　機動性や高速性などの飛行性能を追求した戦闘機が主流になる一方で、1950年代から米軍において極秘裏に研究が進められていた低被観測性技術が1970年代の技術実証を経て確立され、現在の戦闘機や爆撃機の設計において不可欠な適用技術となった。今から30年近く前の出来事となったが、1991年の湾岸戦争

F-101　　　　　　　　F-102　　　　　　　　F-106

図1-1　ウェポンベイを有する第2世代ジェット戦闘機[1-1]〜[1-3]

で投入されたF-117ナイトホークが連日、誘導爆撃を行う映像は、世界に航空戦におけるステルス性の圧倒的な優位性を印象付けた。

低被観測性技術のうち電波に対するステルス性は、レーダ（電波）による被探知が生存性に影響する戦闘機にとって最も基本的なものである。従来の戦闘機における主な電波反射源を図1-2に示す。ステルス性を向上させるためには、これらの電波を反射する要因の一つひとつについて、図1-3に示すように適切な方策を施し、全機として破綻させることなくまとめ上げることが必要である。そのうちの一つである兵装に起因するRCS(Radar Cross Section：レーダ反射断面積）を低減させるウェポン内装化技術は、ステルス機設計において必須となっている。

本稿では、戦闘機用ウェポン内装システムの特徴と諸外国の動向を紹介し、ウェポン内装システムを実現するための技術的課題や防衛装備庁における取組について紹介する。

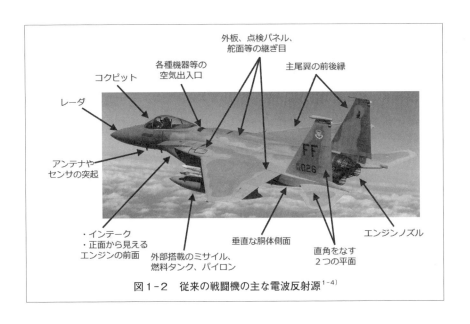

図1-2　従来の戦闘機の主な電波反射源[1-4)]

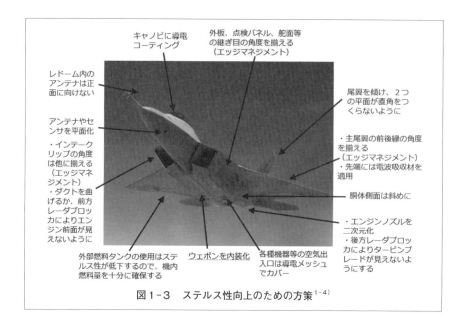

キャノピに導電コーティング

外板、点検パネル、舵面等の継ぎ目の角度を揃える（エッジマネジメント）

レドーム内のアンテナは正面に向けない

アンテナやセンサを平面化

・インテークリップの角度は他に揃える（エッジマネジメント）
・ダクトを曲げるか、前方レーダブロッカによりエンジン前面が見えないように

尾翼を傾け、2つの平面が直角をつくらないように

・主尾翼の前後縁の角度を揃える（エッジマネジメント）
・先端には電波吸収材を適用

胴体側面は斜めに

・エンジンノズルを二次元化
・後方レーダブロッカによりタービンブレードが見えないようにする

外部燃料タンクの使用はステルス性が低下するので、機内燃料量を十分に確保する

ウェポンを内装化

各種機器等の空気出入口は導電メッシュでカバー

図1-3　ステルス性向上のための方策[1-4)]

1.2　戦闘機用ウェポン内装システムの特徴

ウェポン内装システムの構成としては、図1-4に示すようにウェポンベイ、ウェポンベイ扉とその開閉機構、ランチャー、スポイラが挙げられる。また第5世代ジェット戦闘機のウェポン内装システムは、それまでの世代にない特徴として、①ウェポンベイの大容量化②ウェポンベイ扉のセレーション形状③ウェポン射出に係る一連動作の短時間化が挙げられる。

①については、従来外装していたウェポンを内装するため、できる限り多くの

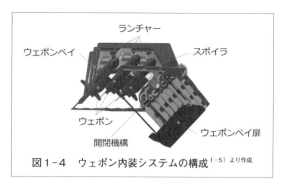

ランチャー

ウェポンベイ

スポイラ

ウェポン

開閉機構

ウェポンベイ扉

図1-4　ウェポン内装システムの構成[1-5) より作成]

ウェポンを内装するとなると、結果として機体（胴体）に対するウェポンベイの占有率が大きくなる。ウェポンベイの大容量化に伴い、開口部も大きくなるが、ウェポンベイ扉は飛行中の機動などで機体構造に生じる荷重を分担しない2次構造であるため、主要構造である胴体の構造効率が悪化し、重量が増加する。

②については、機体のエッジマネージメント（図1‐3）に併せた形状設計によるものであるが、第2世代機のような矩形形状から複雑になる分、開閉時に胴体側と干渉しないよう適切なクリアランスを確保するよう設計上の考慮が必要となる。また低速度での離着陸中の動作が前提となる脚扉と異なり、ウェポンベイ扉は運用要求に応じて超音速飛行中の動作が必要となるため、高い強度と剛性が必要な上、性能への影響を局限するため、努めて軽量でなければならない。

③については、ウェポン射出時に行うウェポンベイ扉の開閉は、一時的に機体のRCSを増大させることになるため、降着装置の揚降に要する時間などよりもさらに短く、可能な限り短時間で行わなければならない。

戦闘機にウェポンを内装し、必要に応じて発射するという目的は変わっていないものの、第5世代ジェット戦闘機のウェポン内装システムは、従前の設計をそのまま適用することはできず、新しい設計技術が必要となる。

1.3 世界の動向

現在、ウェポン内装システムを実用化している第5世代ジェット戦闘機は、米国のF-22、F-35、ロシアのSu-57、中国のJ-20の4機種である。兵装に関する内容のため公表資料が限られているが、表1‐1に整理したそれぞれのメイン・ウェポンベイの特徴を見ていきたい。

（1）ベイ形状

F-22およびJ-20はともに左右の胴体下面にウェポンベイを有し、ベイ扉は折りたたまれながら外舷側に開く片開きの開閉様式である。各ウェポンベイ

表1-1 諸外国の第5世代戦闘機のメイン・ウェポンベイ[1-6~1-15]

名称	F-22（米）	F-35（米）	Su-57（露）	J-20（中）
外観				
ベイ形状				
開閉様式	片開き	両開き	両開き	片開き
ランチャー	LAU-142	LAU-147	UVKU-50L	不明
スポイラ	有り（三角柱）	無し	不明	有り（三角柱）

にF-22はMRM（Medium Range Missile：中距離空対空誘導弾）としてAIM-120C（AMRAAM）を3発、J-20はこれより大型とされるPL-15を2発の搭載が可能なレイアウトとなっている。F-22は中央部に搭載するMRMを他のMRMの搭載位置からオフセットして搭載し、限られたベイ容積に対して可能な限り搭載効率を上げる工夫が見られる。いずれの機種のベイも「箱形」の形状であるが、ベイ後端の壁面は傾斜しており、後述するベイ内の音響振動の低減を狙っていることが分かる。

　Su-57のウェポンベイは、ダクトとエンジンの間の機体のセンターライン上に二つのウェポンベイをタンデムに配置しており、ベイ扉は地上での整備時に地面に干渉しないよう両開き様式である。MRMはR-77派生型を最大8発搭載可能とされている。タンデムに配置したことにより、ウェポン射出により機体の重心移動が発生することが懸念される。

　F-35については、F-22と同様に左右の胴体下面にウェポンベイを有しており、扉は両開き様式で、ベイ天井と内舷側の扉回転軸にウェポンを搭載する。他機に無い特徴として、ウェポンベイが機首内側に傾斜している点があげられる。また機体のサイズを大きくしないため、配線や部品類をベイ内に収め、か

つ射出するウェポンのクリアランス要求を旧来の基準を見直し切り詰めており、その結果、他機に見られるウェポンベイのように、ウェポンを搭載する位置が固定された「箱形」ではなく、RCSへの影響を局限するため、より機体と統合した形状になっている[1-16]。

（2）ランチャー

F-22のAMRAAM用のランチャーであるLAU-142/A（米国L3Harris社）は、パンタグラフのような構造で、射出アクチュエータが伸張することで垂直方向に展張し、展張状態で誘導弾の拘束しているフックを解除する。この射出アクチュエータの駆動力には機体油圧源により圧縮したガス圧を用いている。

一方、F-35のAMRAAM用ランチャーであるLAU-147/A（米国L3Harris社）は、二つのピストンにより射出する方式を採用している。このピストンは小型化を追求し2段階で伸縮する。ピストンの駆動力は空気圧であり、上空で蓄圧可能なHiPPAG™（英国Ultra Electronics社）と呼ばれるシステムを採用している[1-16], [1-17]。

Su-57のMRM用ランチャーであるUVKU-50L（ロシアVympel NPO社）は、展張時は鋏のような形状になるランチャーで、誘導弾を保持しながら火工式アクチュエータの伸張とともに展張し、展張位置で誘導弾を解放し射出する。火工式アクチュエータが斜めに伸張することで展張時の垂直方向の寸法を抑えるとともに、信頼性の高い火工品を駆動力としている特徴がある[1-18]。なおJ-20については仔細不明である。

（3）スポイラ

ウェポンベイ扉を開放するとウェポンベイ前縁で発生する乱れた流れによって渦が発生し、この渦がベイ内の構造物に衝突する際に強い音響振動（非定常圧力）が発生することが知られている。その音響振動は、ベイ隔壁を損傷させたり、ウェポンの構成品を瞬時に破壊するのに十分な大きさ（160～180dB）になる可能性がある[1-19]。そのため、さまざまな形状のスポイラや後壁の傾斜

など音響振動低減対策の研究がなされている[1-20]。

F-22とJ-20には、ウェポンベイ前縁にベイ扉の開作動に併せて展張する三角柱形状のスポイラが設けられている。このスポイラはベイ内に生じる音響振動を低減させるとともに誘導弾分離特性を改善する効果がある。一方、F-35にはこのようなスポイラは設けられていない。ベイ長さに対してベイの深さが深いほどベイ内に生じる音響振動が大きくなるという知見から、風洞試験に基づき許容可能な音響振動を評価し、ベイを浅く設計することにより、スポイラの他、F-22に見られるようなベイ後端壁面の傾斜等の音響振動低減対策を行っていない[1-16]。なおSu-57については仔細不明である。

1.4 技術的課題

ウェポン内装化技術に関する技術的課題として、（1）ウェポン射出に係る一連動作の短時間化および（2）安全かつ確実なウェポン射出について取り上げたい。

（1）ウェポン射出に係る一連動作の短時間化

1.2項で述べたように、ウェポン内装化によりウェポンを発射する場合は必ずウェポンベイ扉を開放しなければならず、機体の一時的なRCS増大は避けられない。この時、脅威側のレーダに探知されないためには、ウェポンベイ扉開作動→ランチャー展張（ウェポン射出）→ウェポンベイ扉閉作動という一連の動作を短時間で行う必要がある。そのため、ウェポンベイ扉開閉機構とランチャーの設計が重要になる。

扉開閉機構については、大型機に見られるような直線的な伸縮を行うリニア・アクチュエータとリンク機構の組み合わせた方式の場合、構造が簡素で安価ではあるものの、リンク機構が複雑になりがちで必要な出力を得るために重量や配置スペースが必要となり、デメリットが大きい。そこで、多くの第5世代機ではモータとロータリ・アクチュエータとトルク・シャフトを組み合わせた方式を採用している。この方式は構成品重量や搭載スペースが小さくトルク効率

も良いため、限られたベイ容積に収め、ベイ扉を高速で作動する必要があるステルス機にとって望ましい方式と考えられる（図1-5）。

　ランチャーについては、誘導弾の分離にはレール発射方式および射出方式の二つの方式が考えられる（図1-6）。レール発射方式はMRMを保持しながら安全に分離可能な位置（機外）までランチャーを展張し、その後MRMのロケットモータを点火させ、自身の推力によって分離するものである。一方、射出方式はランチャーに装備された射出アクチュエータの動力等により、高速でランチャーを展張させるとともに、MRMに加速度を与えることによって分離するものである。作動時間の短縮の観点では、ランチャー展張後に分離のためロケッ

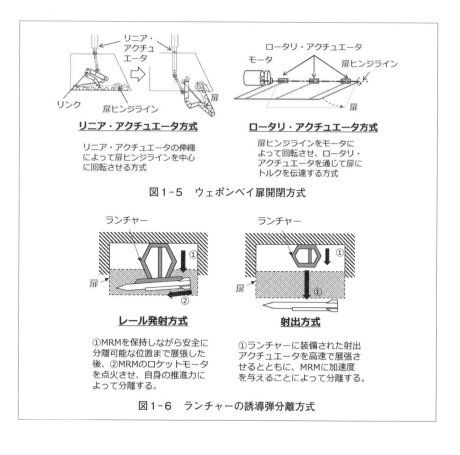

図1-5　ウェポンベイ扉開閉方式

図1-6　ランチャーの誘導弾分離方式

トモータに点火する動作があるレール発射方式に比べ、ランチャー展張と同時に分離する射出方式の方が有利と考えられる。

技術的課題としては、ロータリ・アクチュエータ方式の扉開閉機構は、モータの回転力をロータリ・アクチュエータで減速してトルクに変換するため、トルクと作動速度を同時に高めることはできない。ウェポンベイ扉が受ける空気力を見積もり、必要な駆動力を設定した上で、高速作動が可能で、なおかつ小さなベイ内に搭載できるようコストとのバランスを取りながらシステムの最適化が必要である。

一方、射出方式のランチャーについては、限られた射出ストロークで射出中の誘導弾の横方向の運動を抑制しつつ、瞬時に加速することが求められる。安定した射出性能が求められるため、重量増加を抑えながら剛性も必要になる。ランチャーの高さはベイ容積に影響するため、小型化を図らなければならない。一例としてF-22のLAU-142/AからF-35のLAU-147/Aを挙げると、体積比で81%減、重量比で45%減となっているが、ほぼ同等の射出性能（7.6m/s程度まで加速）を達成しており[1-14]、この20年の技術進展が分かる。

（2）安全かつ確実なウェポンの射出

ウェポンがランチャーから射出中に機体構造に接触したり、あるいは射出後に機体に接近することは安全上許容できないため、要求される発射領域で安全にウェポンを分離することは基本的な要求事項である。内装したウェポンの場合は特に射出中にベイ構造や機器・配線等に接触しないよう細心の注意を払って設計する必要がある。

外装の場合と異なるのは、ウェポンベイ周辺と機体から十分に離れた一様流とでウェポンが受ける空気力が大きく変化することである。ウェポンベイ内部の流れは複雑でOpen Cavity FlowとClosed Cavity Flowという二つの特徴的な流れが流速に応じて発生し、しかもこの特徴的な流れ場はウェポンベイの形状寸法（深さ、奥行きなど）で変わることが知られている[1-20]。**図1-7**に二つの特徴的な流れを示す。

特に高速域で発生する
Closed Cavity Flowでは
誘導弾は頭上げの空気力
を受けるため、分離直後
に浮き上がり、機体に接
触する可能性がある。そ
のため、機体固有のウェ
ポンベイ形状に基づいた
流れ場と誘導弾への干渉
空気力を把握し、分離軌
跡がどのようになるか
（どのような分離特性か）
を確認しておくことが重
要となる。

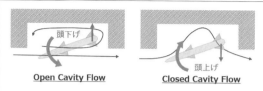

図1-7　特徴的な流れと誘導弾に作用する
空気力[1-20] より作成

図1-8　防衛装備庁千歳試験場三音速風洞装置にお
けるCTS風洞試験[1-22]

分離軌跡はCTS（Captive
Trajectory System：分離特性評価システム）装置を用いて風洞試験を通じて
シミュレーションすることができる。**図1-8**にCTS装置のセットアップ図を
示す。航空機模型は風路内の支持部品に取り付けられ（通常は試験実施上の利
便性を考慮して背面を上にすることが多い）、搭載物模型はコンピュータ制御
のロボットアームに取り付けられる。このロボットアームは、搭載物模型を航
空機模型に対して六つの自由度（軸方向、横方向、および垂直方向の並進とピッ
チ、ヨー、およびロールの回転）で相対的に移動させることが可能である。こ
の搭載物模型に取り付けたセンサにより、搭載物模型に働く力とモーメントを
測定することが可能で、前述した干渉空気力も把握することができる。この装
置を用いて、２種類の分離シミュレーションを行うことができる[1-21]。

第一の方法はCTS試験と呼ばれるもので、搭載物模型に働く空気力を基に、
運動方程式から得られる加速度および角加速度を微小時間で積分することによ
り、次の時刻に搭載物がどこに移動するかを予想し、ロボットアームにより搭

載物模型の位置と方向を更新するということを繰り返すことにより分離軌跡を得るというものである。図1-9にCTS試験の要領を示す。なお搭載物模型の測定値は、実スケールでシミュレートされた飛行条件での力とモーメントの値にスケーリングされ、風洞内で測定を行いながら搭載物の運動方程式で飛行中の分離軌跡を評価できる。

　第二の方法はグリッド試験と呼ばれるもので、CTS試験のように搭載物の運動方程式の解から一意に決定される位置や姿勢に搭載物模型を移動させるのではなく、航空機模型に対してあらかじめ定められた位置や向きの空間的な配列（グリッド）で搭載物に作用する力とモーメントを測定するものである。その後、グリッド間のデータの補間によって得られた空力荷重を使用して、複数の搭載物の軌道をオフラインで生成することができる。図1-10にグリッド試験の概

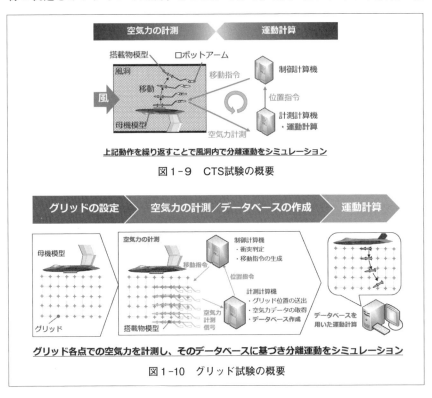

図1-9　CTS試験の概要

図1-10　グリッド試験の概要

要を示す。

　CTS試験はシミュレーションした単一の初期条件に対してのみ分離軌跡が得られるのに対して、グリッド試験ではシミュレーションの初期条件についてパラメトリックな検討が可能で、データベースから幾通りもの分離軌跡の生成が可能になるという違いがある。グリッド試験は設定するグリッドの数で規模が増大するため、実用上は、最初に代表的な条件でCTS試験を行い、そこで得られた分離軌跡の周辺にグリッドを設定しグリッド試験を実施してさまざまな条件での分離軌跡を調べるということが行われている。

　いずれのシミュレーションも、ある位置、方向で誘導弾が空気から受ける力とモーメントを計測しそれを時間平均したものを基に分離軌跡を計算しており、図1-11左図のように流れ場が準定常的な仮定（各位置と方向での力とモーメントの値が一定で時間に依存しないという仮定）を置いている。

　しかし、実際にはウェポンベイ前縁で発生するせん断流は、時間によって変化する非定常な流れである。この非定常な流れが分離軌跡に与える影響の極端な例として、ベイ内がRossiter共振という強い音響共鳴状態にある場合、流れはベイの長手方向と上下方向に二次元的な性質をもつ傾向があり、図1-11右図のようにウェポンベイ付近に二次元の強い渦が形成される。このような状況では、ベイに沿って非定常な上下方向の力が発生し、分離のタイミングによっては、搭載物がベイに向かって飛んだり、ベイから離れたりする可能性が考えられる。この原因により実機で予期しない分離不安全が生じた場合、射出のタ

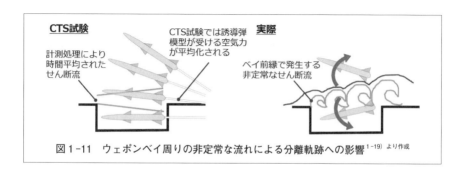

図1-11　ウェポンベイ周りの非定常な流れによる分離軌跡への影響[1-19] より作成

イミングに依存して発生するので再現性に乏しく、その他にもランチャーの射出力不良や射出時の突風など複数の要因が考えられるため、飛行試験で原因を特定することが困難である[1-19]。

ウェポンベイ周りの非定常な流れによる分離軌跡への影響を明らかにし、必要な対策を講じることで、射出可能な飛行領域を明確化し、安全性を確保することができる。米国AFRL（Air Force Research Laboratory：空軍研究所）では、データベースと同じポイントで非定常力を取得し、CTS試験で得られた分離軌跡に近似的な非定常効果を加えることや非定常CFD（Computational Fluid Dynamics：数値流体力学）シミュレーションを適用する等、非定常性を考慮した分離特性の予測ツールの開発が行われている[1-19]。

1.5　防衛装備庁航空装備研究所における取り組み

わが国においても、戦闘機（F-2）の後継機の開発を念頭に、将来の戦闘機に係る研究開発を推進してきた。このうちウェポン内装化技術に係る防衛装備庁航空装備研究所の取り組みについて紹介する。

平成22年度から27年度まで実施したウェポン内装化空力技術の研究では、ウェポンベイのベイ扉開放時に生じる衝撃波等を伴った複雑な流れにおけるウェポン分離時等の空力現象を解明するため、CFDによるキャビティ流解析ツールと分離特性評価システム（CTS装置）を開発した。風洞試験による性能評価を通じて、搭載物の分離状況等を高精度でシミュレーションすることにより、内装ウェポン分離時に生じるこれらの空力現象を解明した。

続いて平成25年度から令和元年度まで実施したウェポンリリース・ステルス化の研究では、将来の戦闘機を想定し、搭載するウェポンとして中距離空対空誘導弾を対象としたウェポン内装システムを試作し、性能評価を行った。

CTS装置を用いた風洞試験を通じて、想定したウェポンベイ形状での誘導弾分離特性を確認するとともに、この分離特性を実現するために必要なランチャーの射出性能を検討した。先に示した図1-8は防衛装備庁千歳試験場に

図1-12　リグ試験供試体[1-5]

おけるCTS風洞試験の試験状況である[1-22]。

　続いて、この成果を設計に反映して実大のウェポン内装システムを試作した（**図1-12**）。性能評価では、同システムの強度・剛性を確認するとともに、ランチャーの射出性能やウェポン射出に係る一連の動作が短時間で行われることを確認した[1-5]。

　一連の研究では、最新の設計技術と設計ツールを用いて、1.4項で紹介した技術的課題を含むウェポン内装化技術に係る知見を得ることができた。これらの成果は次期戦闘機のウェポン内装システムの設計および全機インテグレーションに反映できるほか、将来の無人航空機等の検討にも活用できるものと考える。

　表1-1で紹介したように各国でステルス戦闘機が開発・戦力化されつつあり、今や航空戦においてステルス性を有することのみをもってF-117が登場した当時のような圧倒的な優位性を確保することは難しいように思われる[1-23]。一方で、近代的な防空システムの整備とカウンターステルス技術の研究が進展

する中、今後もステルス性が戦闘機の重要な要素であることに変わりないのも事実であり、戦闘機というアセットが10年以上の開発期間を要して、その後30年近く運用される実情を踏まえると、開発に先んじて将来の脅威を予測し、具備すべきステルス性を実現するための技術を獲得することは必要な取り組みであると考える。

ウェポン内装化技術はその一部であるが、本稿で述べてきたように、半世紀以上前から存在する"枯れた技術"ではなく、全機形状と運用に影響を与える重要技術であり、最新の設計ツールを駆使して、設計上の厳しい制約条件の中でシステムを最適化し、さまざまな要求を高度に実現することが求められる。米国がF-22からF-35までの間の技術進展に終わらず、今に至るも音響振動環境の低減やM&S（Modeling & Simulation：モデリング・アンド・シミュレーション）に係る技術開発と更新を続けていること[1-24]がその証左である。

2. 機体構造軽量化技術

航空機の構造重量を低減させることは永遠のテーマであり、軍用機／民間機を問わず研究開発が精力的に日々行われている。本稿は、将来戦闘機の軽量化を目的として航空装備研究所で実施した「機体構造軽量化技術の研究」について紹介するものである。

2.1 複合材料適用の取り組みについて

防衛省における複合材料を適用した航空機の機体構造に関する研究開発の歴史を図1-13に示す。防衛省の航空機に複合材料を適用する取り組みは、T-2練習機のラダーや前脚後方扉等の二次構造を複合材料で試作し、実大構造試験

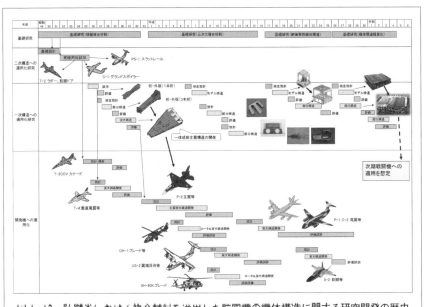

図1-13　防衛省における複合材料を適用した航空機の機体構造に関する研究開発の歴史

や飛行試験により実証した昭和40年代後半頃まで遡る。その後、複合材料製一体成形主翼構造の研究を行い、この構造はF-2戦闘機の主翼の設計製造技術を経て実用化[1-25]され、そして民間機であるボーイング787の複合材料主翼の開発につながった。

　平成に入り、積層型の複合材料の弱点である層間強度を向上することで、積層型の複合材料では困難であった金具等の複雑な形状部品への複合材料の適用を目的とした三次元複合材料の研究を実施した。当該研究では、主翼取付金具[1-26]、翼胴取付金具[1-27]および水平尾翼取付金具[1-28]を試作し、強度試験により評価[1-29]した。またヘリコプタの落下時における乗員の生存性を高めることを目的として、重い衝撃吸収脚の代わりに胴体下部に適用が可能な複合材料製衝撃吸収構造の研究[1-30, 31]を行った。さらにF-2戦闘機の開発以降、P-1固定翼哨戒機、C-2輸送機およびX-2先進技術実証機に至るまで、複合材料が機体構造に適用され、実用化されてきた。近年では、平成26年より将来戦闘機の軽量化を目的とした「機体構造軽量化技術の研究」を実施した。

2.2　機体構造軽量化技術の研究について

　将来戦闘機では敵を凌駕する高いステルス性が必須と考えられている。ステルス性とは相手のセンサから探知されにくいことであり、相手へのレーダ反射を減らすことが重要である。このため、機体の外部形状の工夫の他に、これまで主翼や胴体の下に搭載されてきた兵装を胴体内部に格納するウェポン内装化技術、レーダ反射が大きいエンジンファン前面を隠すような曲がったインテークダクト（ステルスインテークダクト）（図1-14）が適用される可能性がある。図1-15にウェポン内装化等の技術を適用した場合における戦闘機の胴体内部のイメージ図を示す。将来戦闘機は、従来の戦闘機に比べ胴体の容積が増加し、かつ胴体隔壁が大きく切り欠かれることに起因して構造として最適形状にすることが困難であることから、機体構造の重量増加が懸念される。このため、航空装備研究所では将来戦闘機の軽量化を目的とした機体構造軽量化技術の研究

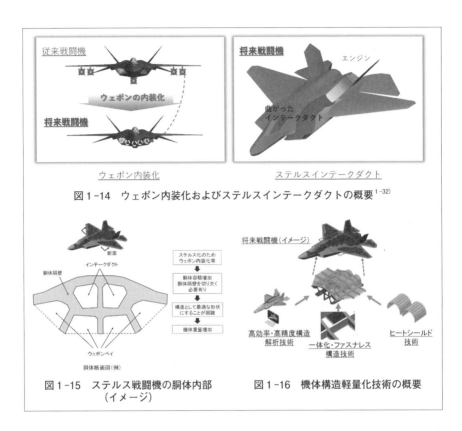

図1-14　ウェポン内装化およびステルスインテークダクトの概要[1-32]

図1-15　ステルス戦闘機の胴体内部　　　　図1-16　機体構造軽量化技術の概要
　　　　　　（イメージ）

を実施している。

　機体構造軽量化技術の研究の概要を**図1-16**に示す。本研究は図に示す三つの技術を将来戦闘機に適用することにより、軽量化を目指すものである。「一体化・ファスナレス構造技術」とは、わが国の優れた複合材料を適用することを前提とし、複合材料製部品の締結に接着成形技術を適用してファスナ数を低減するなどして軽量化を図る技術である。また「ヒートシールド技術」とは、エンジンからの放熱を遮蔽することで、従来の構造では耐熱性が高いチタン合金等を使用していた後胴に対し、アルミ合金や複合材料といった軽量な材料を適用して軽量化を図る技術である。さらに「高効率・高精度構造解析技術」とは、軽量化に伴う構造上のリスクを局限するための高精度な構造解析手法を獲

得することを目的としつつ、構造解析に要する作業工数の低減を目指した技術である。

2.3 一体化・ファスナレス構造技術について

複合材料そのものが軽量であっても、締結する際に金属製のファスナを多用すれば、軽量化のメリットが低減してしまう。そこで、複合材料製部品の締結部を減らすため、できるだけ一体化した大きな部品を設計・製造することを目指した研究[1-33, 34] が多く行われてきた。図1-17に複合材料を用いて一体化する際の例を示す。コキュア成形は、未硬化状態の複合材料製部品を組み付けし、同時に硬化することで構造を一体化する成形方法である。コキュア成形により一体化された構造の例として、F-2戦闘機の主翼構造の下部ボックス構造が挙げられる。

コボンド成形は、未硬化の複合材料製部品と硬化済みの複合材料製部品(または金属製部品)を、接着剤を介して組み付けした上で未硬化部分の硬化と接着を同時に行い、一体化する方法である。コボンド成形により一体化された構造の例として、エアバスA350の主翼構造のうち、硬化済の外板と未硬化のT型ストリンガー[1-35] がある。コキュア成形やコボンド成形を行う場合、適切な成形手法を確立しなければ、未硬化部品を硬化する際に炭素繊維のうねりや合わせ面付近にしわが発生する等して、強度低下につながる可能性がある。

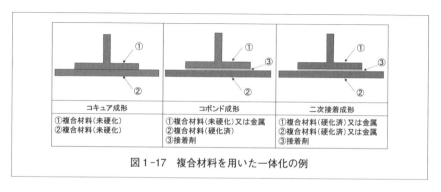

図1-17 複合材料を用いた一体化の例

　二次接着成形は硬化済の部品同士を、接着剤を介して一体化する成形方法である。コキュア成形やコボンド成形と比較した場合に接着強度が低いため、機体への適用は限定的であった。しかし近年では、複合材料単品の硬化時における成形予測が可能となることで成形の精度が向上し、かつ接着剤の特性が向上したことで、二次接着成形の適用範囲を拡大することが可能となっている。二次接着成形の場合、コボンド成形と同様に、接着箇所に前処理を行う必要があるが、硬化済の部品同士を接着することで繊維のうねりが発生しないことや、コキュア成形のような大型の成形治具が不要といった利点がある。

　図1-18にコキュア成形を適用したF-2戦闘機の例と二次接着成形を用いた一体化・ファスナレス構造技術との違いを示す。本研究では、ファスナ数をさらに低減させ、さらなる軽量化が見込まれる二次接着成形を選択した。図1-19

図1-18　F-2戦闘機と一体化・ファスナレス構造の違い

図1-19　一体化・ファスナレス構造の成形プロセス

に本研究において試作する一体化・ファスナレス構造の成形プロセスを示す。フレーム、ビーム等の単品を成形した後、二次接着成形により骨格構造をまず成形した。その後、別に成形した外板等を骨格構造と二次接着成形することで一体化・ファスナレス構造を製造した。

2.4　ヒートシールド技術について

　戦闘機の後胴にはエンジンがあるため、エンジンからの放熱によりエンジン周辺の構造が高温になるとともに、万が一、エンジンに火災が発生した際の耐火性の観点から、従来の機体構造ではチタン合金等の耐熱性と耐火性を有する金属材料が用いられている。図1-20に従来構造とヒートシールド構造の違いを示す。従来構造ではエンジンを囲むように防火壁があり、フレームはチタン合金製、外板はアルミ合金製である。それに対してヒートシールド構造では、エンジンからの熱を遮蔽することで周辺構造のフレームにチタン合金より軽量なアルミ合金や、外板にアルミ合金より軽量な複合材料を、それぞれ適用することが可能となる構造を目指した。ここで技術的な課題は、エンジン外表面を含んだ周辺構造の熱解析の信頼性ならびにヒートシールドが十分な耐熱性や耐火性を有するかについてである。ヒートシールドの材料には、高い耐熱性を

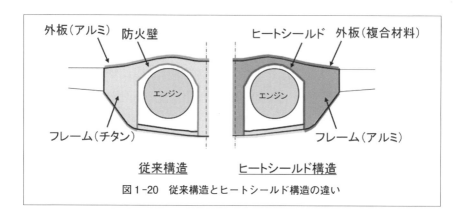

図1-20　従来構造とヒートシールド構造の違い

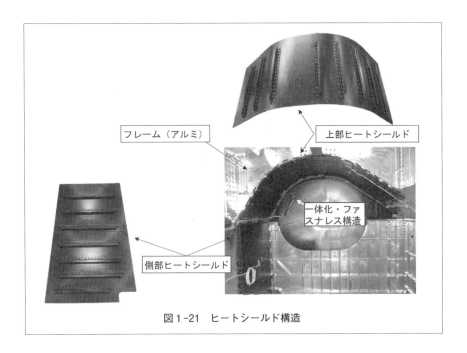

フレーム（アルミ）

上部ヒートシールド

一体化・ファ
スナレス構造

側部ヒートシールド

図1-21　ヒートシールド構造

有する国産のビスマレイミド樹脂を用いたCFRPを選定した。試作したヒート
シールド構造を図1-21に示す。熱解析手法の妥当性を検証した後、ヒートシー
ルド構造を適用した後胴の一部を試作した。

2.5　高効率・高精度構造解析技術

　航空機の構造設計に対する従来手法と本研究における手法の概要を図1-22
に示す。従来手法の場合、人の手を介して部材の配置や形状、境界条件等を模
擬した簡易的な全機FEMモデルをまず作成し、各部材に発生する荷重を算定
する。その後、Bruhn[1-36]、Niu[1-37]等の設計用の図書や民間企業の設計用チャー
トを用いて強度解析を行う。この際、チャートの適用が困難と判断された部位
に対して、部分的に詳細なFEMモデル（以下「詳細FEMモデル」という）を
別に用意し、強度解析を実施してきた。

23

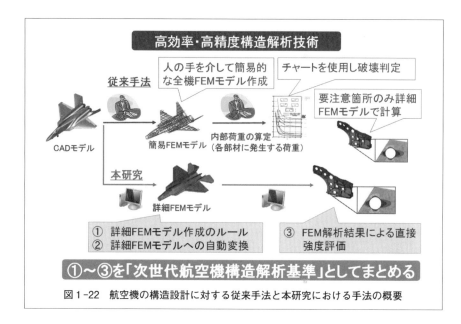

図1-22　航空機の構造設計に対する従来手法と本研究における手法の概要

　一方、本研究では高精度な解析を実現することで軽量化に伴う構造上のリスクを局限するために、最初から全機を詳細FEMモデルで作成することを目指した。ただし、詳細FEMモデルの作成には多大な時間を要するとともに、設計者の技量によっては詳細FEMモデルのモデル化にバラツキが生じる恐れがあるため、適切な解析結果が得られない可能性がある。そこで①詳細FEMモデルを作成するためのルールを定め、そのルールに従いCADモデルから②詳細FEMモデルへの自動変換を行い、従来の設計用のチャートを用いずに③FEM解析結果により直接強度評価が可能となるような設計手法が必要と考え、①から③について次世代航空機構造解析基準としてとりまとめ、高効率かつ高精度な構造解析を目指した。

　図1-23に高効率・高精度構造解析の流れを示す。民間企業の技術[1-38]や本研究の中で作成された構造解析を自動化するための各種ツールを用いることで、従来手法と比べ作業に要する工数が50%以上削減可能なことを確認した。高精度化については強度試験で確認することとした。

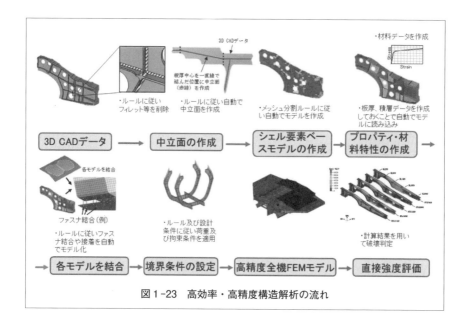

図1-23　高効率・高精度構造解析の流れ

2.6　構造評価について

　本研究は、機体構造を開発する際の評価手法として、航空機開発で一般的に
用いられる手法であるビルディング・ブロック・アプローチ（**図1-24**）の考
えに基づき実施した。なお本研究において実証する構造体はコンポーネント試
験レベルまでとした。

　クーポン試験レベルやエレメント試験レベルとして各種材料の基礎特性や要
素試験を実施し、例えばヒートシールド構造に関しては、その材料について高
温暴露試験等を実施し、また、その耐火性については**図1-25**に示すように、
供試体の下側をバーナーで加熱することで火炎が貫通しないことを確認する耐
火試験を行った。**図1-26**に耐火試験前後の写真を示す。耐火試験後のヒート
シールドは火炎が直接当った部分において、樹脂の消失が確認されたものの火
炎が貫通することはなく、要求された耐火性能を有することを確認した。

　サブ・コンポーネント試験レベルとしては、接着構造部分を想定した供試体、

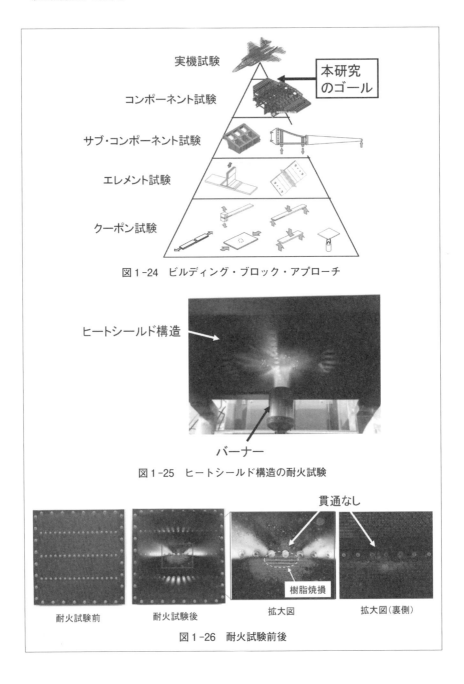

図 1-24　ビルディング・ブロック・アプローチ

図 1-25　ヒートシールド構造の耐火試験

図 1-26　耐火試験前後

燃料タンク部分を想定した構造要素供試体（図1-27）について強度確認を行った。その結果、所要の強度を有することを確認した。

図1-28にコンポーネント試験レベルの供試体である部分構造供試体を示す。部分構造供試体は戦闘機の中胴ならびに主翼および後胴の一部を対象として設計および製造した。部分構造供試体は、中胴の上部構造が複合材料を用いた一体化・ファスナレス構造であり、下部構造がファスナを用いた金属製の構造である。下部構造に金属を適用した理由は、下部構造側にはウェポンベイや主脚室が存在し、そのため大きな集中荷重が機体構造に

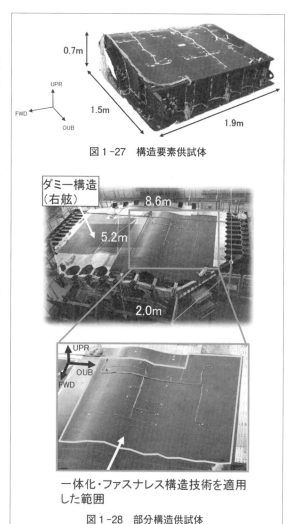

図1-27　構造要素供試体

図1-28　部分構造供試体

作用するためである。一般に複合材料は金属と比べ集中荷重に対して弱く、仮に複合材料を用いても構造に補強が必要となる。結果的にコストや重量の観点において、下部構造を金属構造とした方がメリットは大きい。

　強度試験は、部分構造供試体に対して飛行荷重等を模擬した複数の試験を実

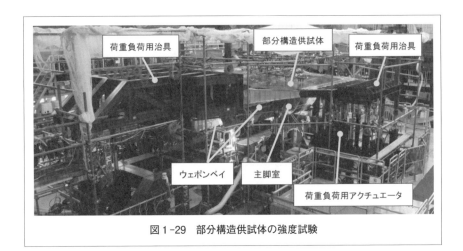

荷重負荷用治具 部分構造供試体 荷重負荷用治具

ウェポンベイ 主脚室

荷重負荷用アクチュエータ

図 1-29 部分構造供試体の強度試験

施した。図 1-29に部分構造供試体を用いた強度試験の写真を示す。試験の結果、部分構造供試体が所要の強度を有することを確認した。また供試体に荷重を負荷した際に発生した歪みの計測値を解析値と比較し、研究目標である解析の精度が±10%の範囲に入ることを確認した。

2.7 今後について

戦闘機の機体構造は、高速飛行時の空力加熱による高温や寒冷地で運用することで低温に曝されつつ長期間にわたり運用される。このことから運用により想定される最も厳しい環境条件においても一体化・ファスナレス構造が十分な強度を有していることを確認する必要がある。このため、一体化・ファスナレス構造の供試体を新たに製造し、実環境を模擬した条件にて耐環境試験を実施する計画である。本研究の成果は次期戦闘機のみならず、その他の航空機、飛翔体等にも適用が可能な技術と考えている。

第2章

エンジン関連の先進技術

1. ハイパワーでスリムな戦闘機用エンジン XF9

1.1 F3からXF9へ

　昨今、諸外国では最新の空気力学、材料工学等の先端技術を適用した高性能で軽量な航空用エンジンの研究開発が継続的かつ加速度的に行われている。わが国においても、初等練習機T-1Bに搭載されたJ3の研究開発から、中等練習機T-4に搭載されたF3、観測ヘリコプタOH-1に搭載されたTS1、哨戒機P-1に搭載されたF7と継続的なエンジンの研究開発を実施し、エンジン技術基盤を確立してきた（**図2-1**）。またアフタバーナを搭載した戦闘機用エンジン技術については、わが国における戦闘機に搭載可能なエンジンの技術基盤を確立する必要性の認識のもと、推力5トン級のアフタバーナ付低バイパス比ターボファンエンジンである実証エンジンXF5の研究[2-1]が平成7年に開始された。平成28年4月には、先進技術実証機X-2[2-2]にXF5を搭載して初飛行に成功し、平成29年度までの飛行試験を完遂して、わが国のアフタバーナ付きエンジン技術が飛行可能なレベルに達したことを実証した[2-3]。

J3エンジン/推力 1.4トン

F3エンジン/推力 1.7トン

TS1エンジン/出力 744kW

XF5エンジン/推力 5トン

F7エンジン/推力 6.1トン

図2-1　国産の研究開発エンジン

　平成22年8月には、F-2戦闘機後継の取得を検討する所要の時期に開発を選択肢として考慮できるよう、将来の戦闘機のコンセプトおよび必要な研究事項などについて中長期的視点に立って戦略的検討を行うため、「将来の戦闘機に関する研究開発ビジョン[2-4)]」が策定された。X-2も同ビジョンにおける研究事業の一つとして位置付けられたものであるが、エンジンについても重要な「キーテクノロジー」の一つとして、ハイパワー・スリム・エンジンのコンセプトが示された（**図2-2**）。

　そして、防衛装備庁航空装備研究所はこのコンセプトを実現すべく、平成22年度より将来の戦闘機用エンジンに向けた一連の研究に着手した（**図2-3**）。

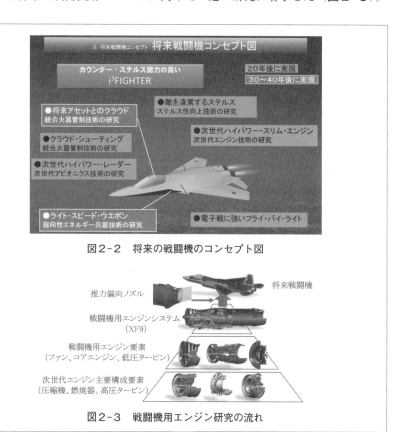

図2-2　将来の戦闘機のコンセプト図

図2-3　戦闘機用エンジン研究の流れ

平成30年6月に戦闘機用エンジンに関する技術的な成立性を実証するための推力15トン級のプロトタイプエンジンXF9-1が完成し、翌7月から性能確認試験を開始した。そして、開始から約1ヵ月半と

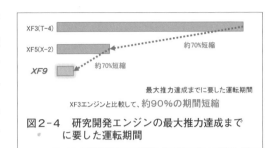

図2-4 研究開発エンジンの最大推力達成までに要した運転期間

いう前例のない短い運転期間（**図2-4**）で目標とする最大推力15トンを達成した。

1.2 戦闘機用エンジンXF9とは

将来の戦闘機に関する研究開発ビジョンに示されるように「敵を凌駕するステルス」を求められる将来の戦闘機は、ウェポンの内装化やエンジン前面からの電波反射を抑制する空気取入口（インテーク）の曲がりダクト化といったステルス性向上技術の適用が想定される。そのような戦闘機は、機体断面積の増大によって機体抵抗が増大するため、ステルス性、高速性能および高運動性を同時に付与するには、機体の抵抗低減だけでなく、大推力とエンジン直径を低減したスリムな形状を両立したハイパワー・スリム・エンジンのコンセプトを実現したエンジンの搭載が不可欠である。ハイパワー・スリム・エンジンを適用することで機体断面積を低減できるだけでなく、低減したスペースを有効に活用することで内装するウェポン数を増加させる等の効果も期待できる（**図2-5**）[2-5.6)]。またハイパワーがもつ意味としては、エンジンの推力だけではな

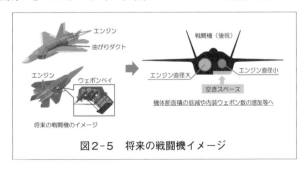

図2-5 将来の戦闘機イメージ

く、今後一層の高性能
化が想定される戦闘機
の電子装備品等に大容
量の電力を供給する、
パワープラントとして
の役割（大きな抽出力
を供給できること）も
含まれている。

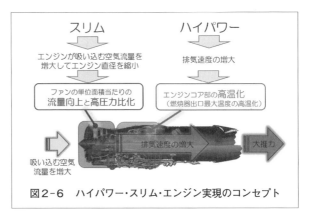

図2-6　ハイパワー・スリム・エンジン実現のコンセプト

　そこで、ハイパワー・
スリム・エンジンを実現するためには、**図2-6**に示すようにエンジン直径を
大きくすることなくエンジンが吸い込む空気流量を増大させ、エンジンコア
部を高温化して排気速度を高速化することが必要となる。そのため防衛装備
庁航空装備研究所では、平成22年度よりエンジンのコア部構成要素である高
圧系要素について研究を行う「次世代エンジン主要構成要素の研究」に着手
した。続く「戦闘機用エンジン要素に関する研究」では、高圧系要素をコアエ
ンジンとしてとりまとめ、単位面積当たりの空気流量増加と高圧力比化を目
指したファンと、この高負荷化したファンに対応する低圧タービンの研究を実
施した。そして「戦闘機用エンジンシステムに関する研究」において、これら
の要素研究の成果をシステム・インテグレーションし、アフタバーナ（AB：
Afterburner）作動時最大推力15トン以上を研究目標としたプロトタイプエン
ジンXF9-1を試作した。これらの研究にあたっては、J3から始まるエンジン研
究開発で得られた技術的知見や教訓等を反映した。特にX-2研究事業で得られ
たX-2とXF5とのシステム・インテグレーションに関わる貴重な教訓等の成果
は、これらの研究に適宜反映されている。

　XF9-1はアフタバーナ作動時最大推力15トン以上、アフタバーナ非作動時最
大推力11トン以上を目標とした戦闘機用エンジンである（**図2-7**）。このアフ
タバーナ作動時最大推力15トンは、概ね同じ寸法のエンジンであるF-2戦闘機
搭載エンジンF110のアフタバーナ作動時最大推力約13トンよりも大きな推力

主要諸元		
推力[※1]	AB[※2]作動時	15トン以上
	AB[※2]非作動時	11トン以上
全長		約4.8m
入口直径		約1m
高圧タービン入口平均最大温度		1,800℃
ファン		3段
圧縮機		6段
高圧タービン		1段
低圧タービン		1段

スタータ・ジェネレータ
（出力180kW）

図2-7　XF9-1の外観と主要諸元

※1　海面静止・標準大気状態／非搭載条件
※2　AB：Afterburner（アフターバーナ）

である。またアフタバーナ非作動時最大推力11トンは、F-15J/DJ戦闘機搭載エンジンF100のアフタバーナ作動時最大推力と同等以上の推力である。仮にXF5の技術レベルでXF9-1と同一推力を発生するエンジンを設計・製造したとすると、そのエンジンに対してXF9-1は約3割のスリム化を実現している。

1.3　戦闘機用エンジンXF9-1の特徴

　XF9-1はエンジンを構成する各要素に対して高効率化を図り、ファンはエンジン直径をできるだけ小さくするために入口流路面積あたりの空気流量（比流量）を高め、圧縮機はエンジンの軸長短縮および軽量化を図る設計とした。アフタバーナについてはアフタバーナ非作動時の圧力損失の低減を図り、排気ノズルはコンバージェント部とダイバージェント部を連動させて面積を変更できる可変ノズルを基準とし、推力偏向ノズルも搭載できる設計とした。XF9-1の各構成要素の形式および特徴について**図2-8**に示す。なおエンジンを構成するファン、圧縮機、燃焼器等の各要素に対する細部の特徴については、『防衛技術ジャーナル』2019年10月号[2-7]において紹介済みのため、ここでは割愛さ

<ファン>
軸流3段
可変入口案内翼
全段ブリスク構造
高圧力比
高スタビリティマージン
高効率
高比流量

<圧縮機>
軸流6段
可変入口案内翼、1段静翼
全段ブリスク構造
高スタビリティマージン
高効率
短軸長

<アフタバーナ>
低圧力損失

<排気ノズル>
コンバージェント・ダイバージェント連動
可変排気ノズルまたは推力偏向ノズル

<高圧／低圧タービン>
各単段
ニッケル超合金（単結晶翼材料）
先進冷却翼
CMCシュラウド
カウンターローテーション

<燃焼器>
広角スワラ燃焼方式
・燃焼安定性
・出口温度均一化
先進冷却ライナ

<発電機>
180kW発電スタータ・ジェネレータ

図2-8　XF9-1の構成要素[2-8]

せていただき、それ以外の特徴について述べることにする。

　XF9-1の設計・試作においては、熱空力的、構造的な特徴は先行研究の成果を反映したものであるが、将来の戦闘機が従来機よりも電力需要が一層高まることを想定して、小型軽量化を図りつつ、180kWの大容量発電を可能とするスタータ・ジェネレータをXF9-1に搭載した。この180kWは、一般家庭の、一世帯あたりの電力容量を3kW（30A、100V）とすれば、180kW÷3kWで60世帯分を賄うことが可能な容量といえる。XF9-1はこれだけの発電用出力を供給しつつ、さらに推力として最大15トン以上を発生可能なエンジンである。

　また従来機ではジェネレータとエンジンを始動するためのスタータは別部品としてエンジンで駆動する機体側のギアボックスに搭載されていたが、XF9-1ではジェネレータにスタータとしての機能をもたせ、エンジン側のAGB（Accessory Gear Box）に搭載することで、機体システムのスペース確保や重量低減に貢献することを意図したものである。このような大容量発電を可能としたスタータ・ジェネレータは世界的に類がなく、エンジンに搭載されることを考慮し、エンジン側で先行して研究することにした。

　次に、航空機が上空の高いところを飛行する際は周囲環境が氷点下となるため、エンジン入口部に生じる着氷現象を防ぐことが必要となる。従来のエンジンでは圧縮機から抽気した高温の空気を用いて、エンジンの前方部品である

ファンフレーム・ストラットやノーズコーンの防氷を行っていたが、電気加熱方式による防氷システムを採用することで、圧縮機抽気量を減らしてエンジンの性能低下を抑制した。また防氷加熱部位で溶けた水滴が、後流の非加熱部位に流れて再着氷することを防ぐため、経済産業省「航空機用先進システム基盤技術開発」の革新的防氷技術の成果である超撥水コーティングを適用した[2-9]。その他、燃料噴射弁の一部を3Dプリンタで製造する等のコスト低減に寄与しうる新たな製造方法も採用している。

XF9-1の制御システムJEC-91は、完全2重系FADEC（Full Authority Digital Electronic Control）方式であるが、XF5の制御システムであるJEC-51を発展させ、電子制御部（ECU：Electronic Control Unit）の機能を主燃料制御部（MMU：Main Management Unit）に搭載されるMEC（MMU Electronic Control）、アフタバーナ用燃料制御部（AMU：Afterburner Management Unit）に搭載されるAEC（AMU Electronic Control）に分散させた制御分散型補機システムとしている。この制御分散型補機システムとすることで、アクチュエータや燃料計量弁等の故障箇所の特定や分離を容易にする整備性の向上等を図っている。

1.4　XF9を支えた要素技術の研究

（1）次世代エンジン主要構成要素の研究

「次世代エンジン主要構成要素の研究」では、エンジンのコア部である圧縮機の軽量化と燃焼器出口温度の高温化、それに伴う高圧タービンの耐熱性向上を目的として各要素の試作および性能確認試験を実施した[2-10]。本研究に着手した当時は、防衛装備庁において将来戦闘機に関する技術的な構想検討が始まった直後であったことから、諸外国における戦闘機用エンジンの推力トレンドから将来の戦闘機が必要とする推力レベル範囲を想定し（**図2-9**）、それを実現する将来の戦闘機用エンジンのコア部に適用可能な技術を獲得することを目指して研究を開始した。エンジンの構想検討では、アフタバーナ使用時の最

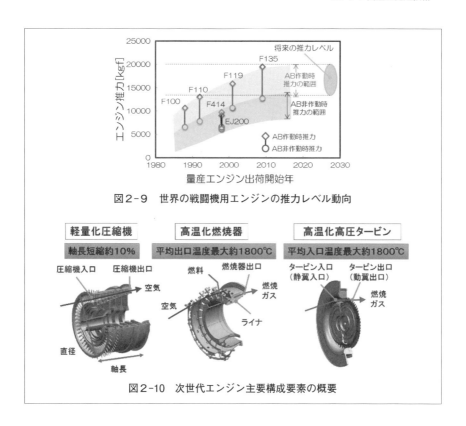

図2-9　世界の戦闘機用エンジンの推力レベル動向

図2-10　次世代エンジン主要構成要素の概要

大推力が13、15、17トンのエンジンについて具体的な検討を行い、XF5の成果を反映して各構成要素に求められる性能諸元を設定し、エンジン性能向上に不可欠な高圧タービン入口平均温度の高温化は、世界トップクラスの約1,800℃を目標とした。本研究の各構成要素の概要を**図2-10**に示す。

　軽量化圧縮機は、XF5と同様に可変静翼2段を有する6段の圧縮機とし、動翼全段をブレードとディスクを一体構造とするブリスクを採用し、軸長をXF5の圧縮機から短縮して軽量化した。軸長短縮としては、軸長／入口直径の比をXF5よりも10％低減した。また翼のチップおよびハブからの漏れ流れの抑制等により、XF5よりも効率を向上させた。空力性能を確認する圧縮機供試休は、試験設備の能力から推力15トンエンジンの約80％スケールとした。圧縮機供試

体の試験によって、軸長短縮した圧縮機が目標とした性能を満足することを確認した。

　高温化燃焼器は、XF5で獲得した1,600℃級の燃焼器技術からさらに高温化し、世界トップレベルの燃焼器出口平均最大温度1,800℃を目標とした。燃焼器供試体は推力15トンエンジンの100％スケールとした。高温化に対応するためには、より均一な燃焼器出口温度分布を形成することが重要である。このため、広角スワーラによる急旋回流れで燃料と空気を急速に混合させて均一な出口温度分布を形成する新たな燃焼方式の広角スワーラ燃焼方式を用いた。また燃焼器ライナには二重壁複合冷却構造を採用して、高温化に対する効果的な冷却を図ることにした。試験によって、燃焼器出口温度分布は、XF5より20％以上向上し、燃焼器出口平均最大温度1,800℃でのライナ金属温度が許容温度範囲内となることを確認した。

　高温化高圧タービンは、わが国が得意とする耐熱材料技術を活用し、翼材料に第5世代Ni基単結晶超合金、タービンディスク材料にNi-Co基超合金、タービンシュラウド材料にセラミックス基複合材（CMC：Ceramic Matrix Composites）をそれぞれ適用して軽量化および耐熱性向上を図った。タービンディスクは国立研究開発法人物質・材料研究機構で開発された溶製・鍛造法Ni-Co基超合金を適用した。タービンディスクの製造は日本エアロフォージ㈱所有の5万トン油圧鍛造プレスにより行い、材料試験等によってその製造成立性を確認した。これまでわが国は大型高圧タービンディスクの製造基盤を有していなかったが、本大型鍛造機により大型高圧タービンディスクの製造基盤が確立された。

　高圧タービン入口平均温度の高温化は、耐熱材料技術に加えて、タービン冷却空気を増大させることなく少ない冷却空気流量で効率的に冷却することが重要である。そのため、高圧タービンに対して高性能フィルム冷却、メッシュ冷却、インピンジメント冷却等を用いた新たな冷却構造と熱遮蔽コーティングを採用した。冷却性能は、冷却効率の計測から評価した。また高圧タービンの空力性能を確認する高圧タービン供試体は、試験設備の能力から約70％スケール

とし、タービン翼からの冷却空気が空力性能に及ぼす影響を確認するため、冷却空気の吹き出し等も実エンジンを模擬して試験を行い、目標性能を満足することを確認した。

（2）戦闘機用エンジン要素に関する研究

「戦闘機用エンジン要素に関する研究」は、その後に続く「戦闘機用エンジンシステムに関する研究」でプロトタイプエンジンを試作するため、機体側構想検討の成果を踏まえ、アフタバーナ作動時最大推力を15トンとする超音速巡航可能なエンジンを目標に設定し、これを実現する低圧系要素であるファンおよび低圧タービンならびに「次世代エンジン主要構成要素の研究」の成果を反映した高圧系要素である圧縮機、燃焼器および高圧タービンを統合したコアエンジンを試作し、性能確認試験を実施した。本研究における試作品の概要を図2-11に示す。

高圧力比ファンは、入口案内翼付きの軸流3段のファンであり、入口単位面積あたりの流量を向上させるため、全段ブリスク構造を採用して低ボス比化し、XF5のファンと比べて入口単位面積あたりの流量を約10％向上、圧力比を約14％向上することを目標とした。ファン空力性能を確認するファン供試体は、試験設備の制約により約85％スケールとし、試験により目標性能を満足するこ

高圧力比ファン	コアエンジン	高負荷低圧タービン

・軸流3段（入口案内翼付） ・低ボス比化全段ブリスク構造 ・スイープ翼（1段動翼、2段静翼）	・軸流6段圧縮機（全段ブリスク構造） ・直流アニュラ型 ・広角スワーラ燃焼方式 ・軸流1段タービン（第5世代単結晶合金） ・CMC（セラミックス基複合材）シュラウド	・軸流1段 ・反転タービン ・空冷翼（静翼、動翼）

図2-11　戦闘機用エンジン要素に関する研究の試作品

とを確認した。

高負荷低圧タービンは、反転タービンを採用して効率向上を図り、高負荷化したファンを1段のタービンで駆動できるように目標性能を設定した。空力性能を確認する低圧タービン供試体は約53%スケールとし、高圧タービンの試験と同様に冷却空気を模擬した試験を実施した。試験の結果、低圧タービンは目標性能を有することを確認した。

燃焼器出口平均温度を1,800℃に高温化した高圧系の技術を確立することを目的として、次世代エンジン主要構成要素の研究」の成果を反映したコアエンジンを試作し、平成29年度に性能確認試験を実施した。すべての構成要素をまとめたフルエンジンの試作に先立ち、高圧系要素をまとめたコアエンジンの試験により、高圧系の詳細な性能、構造健全性等を把握することで、戦闘機用エンジンの研究全体における技術的リスクの低減を図っている。

コアエンジンは将来の戦闘機用エンジンに適用可能な1,800℃級エンジンのコア部としての技術的成立性を確認することを目標とした。コアエンジンの試験は、フルエンジンにおけるコアエンジンの入口状態を模擬するため、防衛装備庁千歳試験場が保有する高空性能試験装置（ATF：Altitude Test Facility）を用いてコアエンジンに流入する空気の温度、圧力、流量を調整して実施した。コアエンジンは㈱IHI瑞穂工場で組立て完了後、千歳試験場ATFに設置して平成29年4月より調整運転が開始され、修正回転数101%（納入条件は100%）まで運転可能なことを確認して平成29年6月末に納入された。同年7月からコアエンジンの性能確認試験を千歳試験場において開始し、同年9月までの期間でコアエンジンを最大機械回転数まで安定して作動させ、

図2-12　コアエンジン（エンジン着火時／左舷斜め後視）

機能・性能を満足することを確認した。その後、高圧タービン入口平均温度が1,800℃以上の環境において溶損等が発生することなくエンジンが安定して作動することを確認した（図2-12）。その後、平成29年度末までコアエンジンの性能確認試験を実施して高空着火特性等のデータを取得し、将来の戦闘機用エンジンに適用可能な技術的成立性を確認した。

1.5　XF9-1の性能確認試験

XF9-1の性能確認試験では、エンジン運転等のさまざまな試験条件下で、エンジン内部の状態量、回転数、振動等の各種データを取得・解析し、XF9-1の性能および機能が研究目標に到達しているかどうか確認することを目的としている。性能確認試験は試験項目や試験内容によって複数回に分けて実施しており、XF9-1の性能確認試験は、平成30年7月から令和2年7月にかけて実施した。以下、XF9-1の性能確認試験のうち主な試験概要を説明する。

（1）地上性能試験

エンジンテストスタンドに搭載し、地上でのエンジン性能を取得する試験である。㈱IHI瑞穂工場のテストスタンドにXF9-1を搭載した状況を図2-13に示す。エンジン完成後、平成30年7月から9月にかけて実施した1回目の地上性能試験では、エンジンの基本的な機能・性能として主に定常性能、振動特性、始動特性、制御特性、アフタバー

図2-13　XF9-1エンジン地上性能試験の状況（IHI瑞穂工場）

ナ着火特性、最大推力（図2-14）および最大負荷特性を確認した。このうち最大推力確認試験では、研究目標であるアフタバーナ作動時15トン以上、アフタバーナ非作動時11トン以上の推力を実証

図2-14　最大推力確認試験時のアフタバーナ作動状況

した。また最大負荷試験では、スタータ・ジェネレータ最大発電時のデータを取得した。その後、令和元年12月から令和2年3月および令和2年6月から同年7月にかけて実施した2回の地上性能試験では、制御機能、過渡特性を主に確認し、排気ガス・抽気分析および赤外線放射量について確認した。

（2）高空性能試験

　防衛装備庁千歳試験場が保有する高空性能試験装置（ATF：Altitude Test Facility）は、エンジンが上空を飛行している環境を模擬する試験装置である。このATFチャンバーにXF9-1を搭載してエンジン入口に高空条件を模擬して、温度・圧力を調整した空気を送り込む高空性能試験を実施した（図2-15）。

　令和元年9月から同年10月にかけて実

図2-15　XF9-1のATFチャンバーへの搭載状況

施した高空性能試験では、エンジンの着火特性、始動特性、防氷機能、制御特性、アフタバーナ着火特性（**図2-16**）および排気ガス・抽気分析等を確認した。また高空条件で初めての最大アフタバーナ推力（MAXAB：

図2-16　高空条件でのアフタバーナ着火試験（エンジン側方カメラ）

Max Afterburner rating）のデータも取得した。エンジンの計測点は温度、圧力、振動、流量、回転数等を含め合計で約2,200点という非常に多くのデータを取得しており、ATFが供給可能な空気流量の範囲で確認した。

　防衛装備庁航空装備研究所では、平成30年6月に戦闘機用エンジンのプロトタイプエンジンとなるXF9-1の製造が完了し、翌7月よりXF9-1の性能確認試験を開始した。そして、開始から1ヵ月半という短い運転期間において目標とする最大推力15トンを達成した。

　XF9-1の性能確認試験は、地上性能試験、高空性能試験等の各種試験を実施して、令和2年7月までに必要なデータ取得を完了した。本研究を通じて、将来の戦闘機の実現に必要不可欠なエンジン技術を確立した。

　また将来の戦闘機の多様化する要求性能に柔軟に対応するため、更なるエンジン技術の成熟を目指してエンジン適応性向上技術の研究を令和元年より着手した。

　本事業は次期戦闘機開発事業におけるエンジン開発にあたり、エンジンの高性能化や小型・軽量化等の技術的成熟度を向上させ、エンジン開発のリスクをさらに低減させる取り組みとして進めていく計画である。

2．航空機用エンジンに関する先進技術動向について

2.1　エンジン耐熱材料の技術

　今日、世界中で広く用いられている、ガスタービンで発生させたジェット噴流による反動を推進力（推力）とするエンジンが初めて登場したのは、およそ80年前のことである。当時のエンジンは運転時間の制限が数分であり、寿命が短い上に信頼性や燃費も悪いものであったが、それまで主流であった、プロペラを回転させることによって推力を得る形式のエンジンでは到達することのできなかった音速付近での飛行を可能にした。この歴史的な発明から今日に至るまで、熱空力技術、軽量化技術、高温化技術（材料技術、冷却技術、遮熱技術）を代表とする、さまざまな技術進歩によりエンジンの性能向上が図られてきており、先進諸国が盛んに研究しているところでもある。ここでは、航空機用エンジンの燃焼ガス高温化に係る先進技術として世界中で研究が進められている

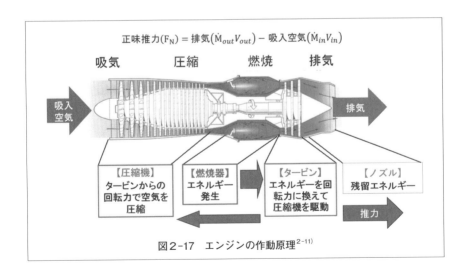

図2-17　エンジンの作動原理[2-11)]

耐熱材料の技術動向の概要を紹介する。

　エンジンが推力を発生させる原理を図2-17で紹介する。エンジンの構造は前方から圧縮機、燃焼器、タービン、ノズルといった要素に大別される。エンジンは前方から空気を取り込み、圧縮機により取り込んだ空気を、狭くなる通路に流しながら圧縮する。圧縮された空気は燃焼器において燃料と混合し、混合気は着火され、高温の燃焼ガスとなり膨張する。膨張した燃焼ガスはタービンを回転させ、シャフトを通じてエンジン前方の圧縮機を回転させる。エンジンは、タービンを通過した高温・高速の燃焼ガスをノズルから勢いよく外気に排出させることで、その反動を推力として得る仕組みとなっている。

　エンジンの性能を向上させる際には、このエンジンを進行方向に推し進める力である推力をいかに効率よく発生させるか、また発生させる推力をいかに大きくできるかが重要であるため、推力あたりの燃料消費量である燃費の向上や推力の増大に向けた研究が盛んに行われている。

　このうち燃費の向上については、圧縮機での空気の圧縮やタービンでの空気の膨張などの空力面での効率向上やバイパス比の向上などが重要であり、コンピュータの性能向上による高精度な流れの解析や圧力損失低減に関する研究を通じて空力面の効率向上に向けた研究が行われてきた。現在でも、エンジン入り口の空気の乱れや、複数の要素にまたがる数値解析、非定常状態における解析などについて、現象の理解も含めて研究されているが、空力面での大幅な性能向上は望めない状況となっている。

　推力の増大に向けては空気流量と排気速度といった二つの主要なパラメータにより決まり、民間機等に用いられる高バイパス比ターボファンエンジン（図2-18）

図2-18　高バイパス比ターボファンエンジンの例（F7エンジン）[2-12]

においては、高バイパス比の大きなファンにより大量の空気を取り込み、後方へ噴出することで大きな推力を得ている。一方で、防衛用途で用いられる戦闘機用エンジン（図2-19）等では音速を超えるスピードでの飛行となり、高バイパス比のファンは空力的に適さないため、高推力でありながら正面面積が小さいことが重要とされる[2-12]。そこで必要となるのが排気ガスの高速化を可能とするエンジンの高温化技術であり、これは材料技術および冷却技術の進歩により向上することが可能である。

　防衛省が研究開発したエンジンを例として、高温化とエンジン性能の関係を図2-20に示す。航空自衛隊の練習機T-1に搭載されたJ3エンジンから、練習機T-4に搭載されたF3-30エンジン、F3-30エンジンに対しアフターバーナを追加するなどの改良をしたXF3-400エンジン、先進技術実証機X-2に搭載した

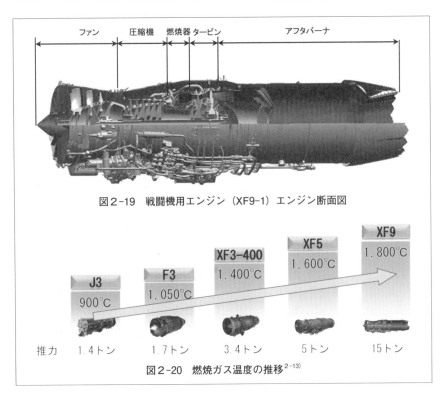

図2-19　戦闘機用エンジン（XF9-1）エンジン断面図

図2-20　燃焼ガス温度の推移[2-13]

実証エンジンXF5-1と、材料技術や冷却技術の進歩により、段階的に高温化を達成し、それに伴い推力も増大していることが分かる。ハイパワー・スリム・エンジンをコンセプトに研究された戦闘機用エンジンXF9-1においては燃焼ガス温度1,800℃、推力15トンを達成している[2-14]。

2.2 エンジンの高温化

エンジンを高温化するうえで重要となるのが、エンジン高温部における材料技術、その中でも燃焼器下流に位置するタービン動翼に用いられる材料技術である。燃焼器下流に位置するタービン動翼は、燃焼器からの高温高速の燃焼ガスを受けつつ、圧縮機を回転させるため遠心力も作用する。こうした過酷な環境下でも使用可能な高強度で高い耐熱性を有する材料の研究開発は盛んに行われているが、このような材料においても最大1,800℃にも達する高温の燃焼ガスに耐えることはできず、圧縮機からの空気（抽気）を利用した冷却技術や遮熱コーティング（TBC：Thermal Barrier Coating）技術によって、高温の燃焼ガスによる影響を少なくしながら運用されている。

TBC技術とは、タービン翼など高温の燃焼ガスが直接触れる外周にセラミックスのような耐熱性が優れ、熱伝導率の小さい材料をコーティングし、入熱を低減し基材の温度を低下させる技術であり、厚さ0.2〜0.3mmのコーティングで、200℃程度耐熱温度を向上させている（図2-21）。また翼内部

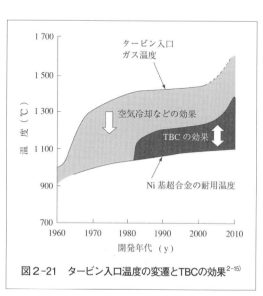

図2-21　タービン入口温度の変遷とTBCの効果[2-15]

からの冷却技術についても初期は単純な対流式のものであったが研究が進み、タービン翼の内部に形成した複雑な流路を使用した効率的な冷却が行われるようになっている。しかしながら、これらの技術による耐熱温度の向上についても限界が見えており、タービン翼に使用される材料自体の耐熱温度を向上させることが求められている。さらに冷却に使用されている空気の量は推力として使用するはずの主流の空気の1〜2割にも達するため、材料技術の進歩により冷却空気を必要としないタービンとすることができれば、性能を飛躍的に向上させることができる。

2.3　現在の材料技術

　タービン動翼材料の耐熱温度を決める要因はさまざまであるが、その中でも高温環境下での材料の変形挙動による影響が大きい。一般に室温付近においては、材料に一定の応力を加え続けても時間による変形量の増加は起こらないが、高温環境においては時間経過とともに変形量が増大していく現象が起こる。これを「クリープ現象」といい、温度が高いほど変形量の増加も早くなる[2-16]。また、この変形による破壊をクリープ破壊といい、タービン動翼のような耐熱合金が使用される条件においては、異なる結晶粒との境界である結晶粒界を起点とした破壊となることが

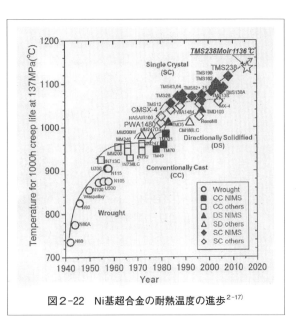

図2-22　Ni基超合金の耐熱温度の進歩[2-17]

多い。

　現在、航空機用エンジンの高圧タービンの動翼に使用されているニッケル（Ni）基超合金は、製造方法の工夫等によりクリープ破壊強度の向上が達成されてきた（図2-22）。製造方法の異なる三つのタービン翼を図2-23に示す。左に示す普通凝固では結晶の配向方向がバラバラであるため多数の結晶粒（図2-24）をもつ。そのため結晶粒界を起点としたクリープ破壊が起きやすい。中央に示す一方向凝固では、結晶の成長方向を制御し、結晶粒界を力のかかる方向と平行にすることで結晶粒界に大きな力がかからないようにしている。さらに、右に示す単結晶においては、セレクターと呼ばれる結晶粒を選択的に成長させる器具を用い、特定の結晶粒のみを成長させることで、結晶粒界がない一つの結晶とし、高温での強度を高めている。

　このように、さまざまな手段によりNi基超合金の耐熱温度の向上が行われてきたのは、Ni基超合金がクリープ強度だけでなく重量面、使用環境における性能についても優れた特性を示すためであるが、更なる高温環境下での使用は難しいと考えられており、高温環境下でNi基超合金を超える性能をもつ材料の研究開発が進められている[2-19]。

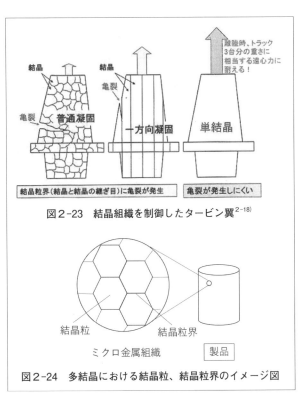

図2-23　結晶組織を制御したタービン翼[2-18]

図2-24　多結晶における結晶粒、結晶粒界のイメージ図

2.4 CMC

　現在、Ni基超合金と比較して軽量で耐熱性が優れることからエンジンへの適用が進められているのがCMC（Ceramic Matrix Composites）である。CMCとはセラミックス基複合材料のことを指し、母相とそれを強化する繊維からなるセラミックスを用いた材料である。これまで、セラミックスは高温環境での優れた耐熱性および強度を有しているものの脆いため信頼性の必要なエンジン部品等には用いられてこなかったが、CMCにおいては、母相中にセラミックス製の高強度な繊維を織り込むことによって特性を向上させ、エンジン部品に適用できるまでになっている。

　母相の材料と繊維の材料の選択によりCMCの特性はさまざまに変化するが、航空機用エンジンの高温部への適用が進められているのは母相、繊維ともにSiC（炭化ケイ素）を原料としたものである。このCMCの特徴は軽量さと高い耐熱性であり、現在用いられているNi基超合金と比較すると密度は約1/4であり耐熱温度は約200℃高い[2-20]。エンジン部品へのCMC適用の初期段階においてはCMCに含まれるSi（ケイ素）が高温環境において水蒸気や酸素と反応し、酸化によりCMCの減肉が進行するといった欠点をもっていたが、翼表面への耐環境性コーティング（EBC：Environmental Barrier Coating）による酸化の抑制により、性能が向上した[2-21]。CMCの適用部は、初期段階においてはノズルのフラップ部等の整備が容易なエンジンの外側への採用にとどまっていたが、近年ではXF9-1エンジンの最も高温となるタービン部（図2-25）へ採用している。しかし、CMCの耐熱温度はXF9-1エンジンの燃焼器出口

図2-25　XF9-1で採用されたCMC製タービンシュラウド

温度である1,800℃と比較すると低いことから、従来金属部品と比較して量は少なくなっているものの冷却空気による冷却が必要である。また海外ではGE社においてCMC製のタービン翼も研究されており（**図2-26**）、F414エンジンの低圧タービン動翼へ適用した試験により、回転による高応力が加わる環境での実証が行われている（**図2-27**）。

CMCに使用されるSiC繊維（**図2-28**）は日本で開発され、SIP（戦略的イノベーション創造プログラム）やNEDO（国立研究開発法人新エネルギー・産業技術総合開発機構）などでCMCの更なる高温化や耐久性向上に向けた研究が盛んに行われており、今後の研究開発の動向が注目されている[2-24]。

2.5　高融点金属材料

優れた特性からこれまで高温、高応力環境に適用されてきたNi基超合金、またNi基超合金を超える耐熱性と軽量さからエンジン高温部への適用が進められてい

図2-26　GE社が2015年のパリエアショーで展示したCMC製タービン翼[2-22]

図2-27　GE社F414エンジンのCMC製低圧タービン翼[2-22]

図2-28　日本カーボン社製SiC繊維[2-23]

るCMCについて紹介したが、いずれも冷却空気を必要とすることから、冷却空気を必要としない無冷却タービンの実用化を目指すためにはより高い耐熱温度をもつ材料が必要となる。近年ではNi基超合金を超える材料として、Nb（ニオブ）やMo（モリブデン）を基にした高融点材料を用いた研究が盛んに実施されており、代表として東北大学で開発されたモシブチック（MoSiBTiC）[2-25]合金があげられる。モシブチック合金は融点が約2,600℃であるMoをベースとし、Si（ケイ素）、B（ホウ素）、TiC（炭化チタン）などを混ぜ合わせた合金であり、Moの課題であった低温での脆さを解決し、優れたクリープ強度を示す材料であり、Ni基超合金と比較すると200℃程度高い耐熱温度となる。

　他の合金と比較したモシブチック合金のクリープ強度を図2-29に示す。図中のCMSX-4やTMS-138は単結晶合金であり、SiC/SiCは前述したCMCである。グラフは縦軸が応力、横軸が温度と時間のパラメータを示すため、同じ応力で整理すると右に行くほど高温環境で長時間使用可能となる。図より、モシブチック合金は単結晶Ni基超合金やCMCと比較して高温・高応力環境において長時間使用可能であることが分かる。しかしながら、実用化に向けては高温域における耐酸化性の改善などが必要であり、詳細な材料特性や高温での変形メカニズムの解明などとともに、更なる高温化・高強度化に向けた研究が行われている。また耐熱温度が高く、従来製造法による製造が困難であるため、製造方法についても研究が進められている[2-27]。

　高融点金属の他にハイエントロピー合金（HEA：High Entropy Alloy）も優れた高

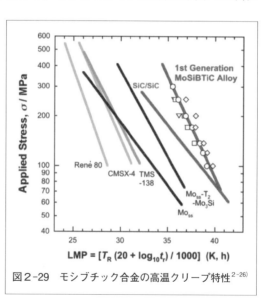

図2-29　モシブチック合金の高温クリープ特性[2-26]

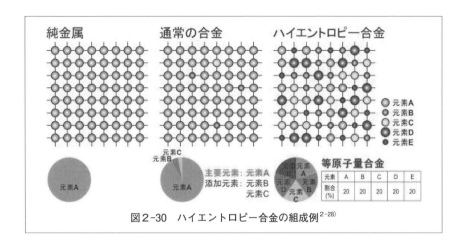

図2-30　ハイエントロピー合金の組成例[2-28]

温特性を示す材料として期待されている。これらは一般に五つ以上の構成元素からなり、図2-30に示すように、含まれる各構成元素の割合はほぼ同数である等の特徴をもった合金とされている。ハイエントロピー合金にはさまざまな種類が存在するが、高温材料として期待されている耐熱ハイエントロピー合金（Refractory HEA）の中には1,400℃といった高温下において、Ni基超合金よりも優れた強度を示すものがあり[2-29]、Ni基超合金に代わる材料として、各種材料特性の向上などについて研究が進められている。

　本節で紹介した金属材料は優れた材料特性を有するものの、未だ研究段階であるため、直ちにNi基超合金に取って代わることはないが、今後、研究が進み、これらの材料を用いた無冷却タービンが実現すれば航空機用エンジンの性能は大きく向上すると考えられることから、今後の研究動向が注目される。

2.6　AM（Additive Manufacturing）

　今回紹介したような、高温環境下において優れた特性をもつ金属材料は一般に高融点であるため、鋳造や鍛造といった従来の製造方法により複雑形状であるタービン翼等を製造することは難しい。このような材料は粉末状態を

経由した製造方法と相性が良く、そのなかでも近年発展が目覚ましいAM（Additive Manufacturing）による製造が注目されている。

Additive Manufacturingとは日本語に訳すと付加製造や積層造形を指し、一般に3Dプリンターと呼ばれる製造装置を用いた造形方法である。AMには樹脂、金属等さまざまな材料が使用されるが、ここでは金属材料を用いたAM技術について解説する。一口にAMといっても方式がいくつか存在する。パウダーベッドフュージョン方式（**図2-31**）は、1層ごとに敷き詰められた金属粉末に対してレーザや電子ビームを照射し、造形したい箇所の粉末を

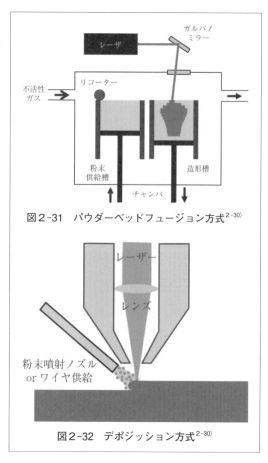

図2-31　パウダーベッドフュージョン方式[2-30)]

図2-32　デポジッション方式[2-30)]

選択的に溶融・凝固させる作業を繰り返して造形する方式であり、精度の良い仕上がりとなる特徴をもつ。デポジッション方式（**図2-32**）はノズル部において金属を溶融させ、ノズルを走査して造形したい位置に材料を供給させて造形する方式であり、大型部品や局所での造形に強みをもっている。バインダジェット方式は1層ごとに敷き詰められた金属粉末に対して結合剤（バインダ）を噴射することで造形したい箇所の粉末を結合させ、結合された造形物に熱を加えて焼き固める方式であり、寸法精度は劣るが短時間で製造可能であるとい

う特徴をもつ。

　このように方式により、さまざまな特徴をもつが、どの方式においても鋳造や鍛造といった従来の製造方法では不可能であった複雑形状を製造することが可能である。また従来の研究開発においては、形状変更を重ねる試作のたびに時間をかけて高価な金型を製作することがあったが、AMにより試作品を製造することで開発期間の短縮やコスト削減が可能となるといったメリットも存在する。航空機用エンジン部品をAMにより製造するメリットの一つとして、軽量化があげられる。従来、製造方法の制約から複数の部品をボルト等で機械的に接合していたものについて、AMを活用することによって複数の部品を一体化した形状とすることができ、部品点数、結合部の重量を大幅に削減できる。実際にGE社が開発しているCATALYSTエンジンにおいては、AMを活用することで855あった部品を12部品に一体化している（図2-33）。

　他にも、複雑形状の造形が可能であるというAMによる製造の特徴を活かし、従来品において製造上の理由で中実となっていた部品の一部中空化や、設計空間における形状の最適化を図ったトポロジー最適化設計により部品の軽量化を図る研究が行われている（図2-34）。

　設計、製造の段階だけでなく、エンジンを実際に運用するフェーズにおいてもAMが活用されている。例として、

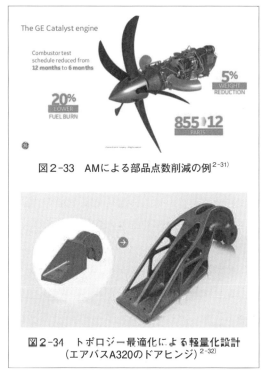

図2-33　AMによる部品点数削減の例[2-31]

図2-34　トポロジー最適化による軽量化設計
（エアバスA320のドアヒンジ）[2-32]

老朽化・耐久性が低下した部品に対して金属粉末を噴霧して修理するコールドスプレーという技術が実用化されており、部品寿命の向上や修理期間の短縮に寄与している[2-33]。

このように新たな形状の部品製造や汎用性等の利点から実用化が進められてい

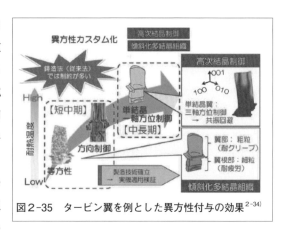

図2-35　タービン翼を例とした異方性付与の効果[2-34]

るAM技術であるが、造形時に細かな組織制御が可能であるという点に着目した研究も行われている。2.3項において、単結晶のタービン翼が高い耐熱温度を有することを解説したとおり、材料の示す特性には金属組織が重要であるが、AMにおいては造形条件のパラメータであるスキャン・ストラテジー（レーザ/電子ビームの走査速度と走査方向）が金属組織を決定するカギであり、これを制御することによって、単結晶化や一つの製品の中で異なる特性をもつ傾斜機能化を可能とする研究が行われている（図2-35）。タービン翼を例として説明すると、スキャン・ストラテジーを制御することによって、高温となる翼部は高温に強い金属組織を持ち、翼根部においては疲労に強い金属組織をもつ部品が製造可能となる。このような技術は航空業界に限らず、さまざまな分野で研究されているため技術発展の速度が著しく、材料の入手性も良いため、今後の更なる発展が期待される研究分野である。

　本項では、航空機用エンジンの先進要素技術研究について、エンジンの性能向上を目指した高温化技術を中心に解説した。このような各要素技術の進歩が積み重なり、今日に至るまでエンジンの性能を向上させてきた。そして、紹介しきれなかった技術についても将来のエンジン性能の向上のために必要不可欠なものがたくさん存在する。

3. ジェット燃料を採用したデュアルモード・スクラムジェットエンジン

3.1 HGVとHCV[2-35～41]

　冷戦の終結以降、米国とロシアを中心に既存の防空システムの突破を可能とする極超音速（マッハ5以上）の機動飛しょう可能な飛しょう体（以降、「極超音速飛しょう体」という）の研究開発レースを続けており、近年では中国とインドがこのレースに加わっている。

　これまで極超音速飛しょう体の主体はHGV[i]であり、近年ロシアと中国がそれぞれAvangardとDongfeng-17の存在を明らかにした。米国においてもHGVの研究開発が進められており、空軍がARRW（Air-launched Rapid Response Weapon）プログラムを進めている。

　他方、これらの国々ではスクラムジェットエンジンにより推力飛しょう可能なHCV[ii]の研究開発も進められている。中程度の飛しょう距離の場合、空気中の酸素を利用して推力の継続的な発生が可能なHCVは加速用ロケットブースタに要求される総力積が少なく、HGVに比べてブースタを含めた全機体規模での小型化・軽量化が可能なため、航空機・車両等の移動式発射プラットフォームへ適合させやすいという大きな利点がある。そのため、米国では空軍がX-51Aプログラムにおいて実用的な液体炭化水素燃料を用いたスクラムジェットエンジンを搭載したHCVの飛しょう実証（2010年から2013年に計4回）を行い、続いてDARPA（米国防高等研究計画局）がHAWC（Hypersonic Air-breathing Weapon Concept）のプログラムを進めており、米国がHCVの研究開発をリードしている。最近では、2020年9月にインドが、同年10月にロシアがHCVの飛しょう試験を実施しており、今後、各国においてHCVがます

---

i)　Hypersonic Glide Vehicle：極超音速滑空飛しょう体
ii)　Hypersonic Cruise Vehicle：極超音速巡航飛しょう体

ます重要視されるものと考えられる。

　防衛装備庁航空装備研究所（以下、「ASRC」という）でも、HCVをゲームチェンジャーになり得る技術として位置づけ、HCVの飛しょう実証を努めて早期に行うことを目標に、HCVのコア技術となるスクラムジェットエンジンの研究を精力的に実施している。本項ではASRCのスクラムジェットエンジン研究の実施状況とともに、今後の研究の展望を紹介する。

3.2　スクラムジェットエンジンとは[2-42)]

　スクラムジェットエンジン（Scramjet Engine）とは、超音速燃焼を行うラムジェットエンジン（Supersonic Combustion Ramjet Engine）のことである。ラムジェットと同様にスクラムジェットエンジンは、**図2-36**に示すように、インレットで生じた衝撃波により減速・圧縮された空気に燃料を噴射し、混合、燃焼させて推力を得る推進機関であり、作動原理は極めて単純である。一般に、飛しょう速度が増加すると、インレットにおける空気の減速に起因する全圧損失・燃焼温度上昇に伴う熱解離損失増加によってエンジンの推力が低下する傾向がある。従って、インレットにおいて空気を亜音速まで減速し、亜音速の流れ場で燃焼が進行するラムジェットエンジンでは、極超音速の飛しょう速度において推力を確保することは困難である。スクラムジェットエンジンは極超音速の飛しょう速度でも推力を確保するためにインレットにおける空気の減速を

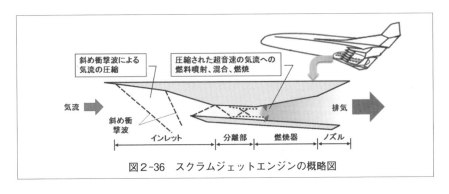

図2-36　スクラムジェットエンジンの概略図

抑えており、その結果として超音速の空気が燃焼器に流入し、超音速の流れ場において燃焼が進行することが特徴である。スクラムジェットエンジンは極超音速飛しょうにおいて最も高い比推力を与える推進機関であり、大気中を極超音速で飛しょうするHCVの推進装置に適している。

3.3　スクラムジェットエンジンを搭載したHCV

スクラムジェットエンジンを搭載したHCVの形態の一例を図2-37に示す。スクラムジェットエンジンは機械的な圧縮機を有していないため、作動するためにはある値以上の飛しょう速度が必要であり、HCVには初期加速するためのロケットブースタが必要となる。

HCVを誘導弾に適用したHCM[iii]は、革新的なゲームチェンジャーとして期待されている[2-43]。HCMの飛しょうトラジェクトリ／シーケンスの一例を図2-38に示す。HCMはロケットブースタにより発射され、所定の速度・高度まで加速・上昇する。ロケットブースタの燃焼終了後、ロケットブースタを分離し、クルーザはスクラムジェットエンジンを作動させてさらに加速・上昇し、最終的には高高度を極超音速で飛しょうする。HCMは既存の防空システムでは要撃困難な高度域を飛しょうすることが可能であり、揺動を行うことにより

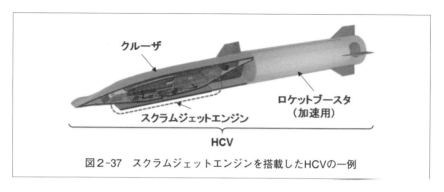

図2-37　スクラムジェットエンジンを搭載したHCVの一例

---

iii)　<u>H</u>ypersonic <u>C</u>ruise <u>M</u>issile：極超音速誘導弾（巡航型）

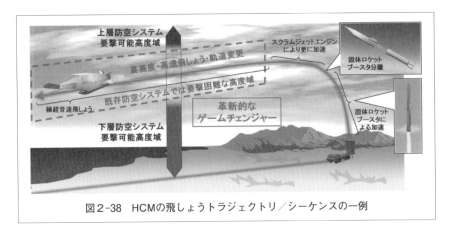

図2-38　HCMの飛しょうトラジェクトリ／シーケンスの一例

将来の防空システムに対しても優位に立つポテンシャルを有している。

3.4　スクラムジェットエンジンのHCMへの適用

　誘導弾であるHCMには低コスト化、耐環境性、即応性および小型化が要求されるが、これらの要求を満足するためのアプローチとして、図2-39に示すようにジェット燃料の採用とスクラムジェットエンジンの作動範囲の拡大が必要である。

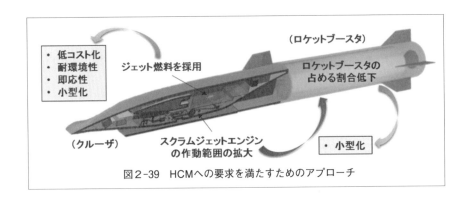

図2-39　HCMへの要求を満たすためのアプローチ

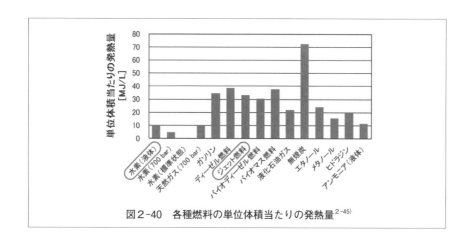

図2-40　各種燃料の単位体積当たりの発熱量[2-45]

（1）ジェット燃料の採用

　従来のスクラムジェットエンジンの研究では燃料として液体水素が用いられ
ていたが、誘導弾であるHCMにとって、低コスト化、耐環境性、即応性およ
び小型化の観点から、ジェット燃料は液体水素よりもHCMの燃料として優れ
ている[2-44]。液体炭化水素燃料の一種であるジェット燃料は、航空機に幅広く
使用されているため他の燃料に比べて安価である他、誘導弾としての使用環境
温度において物性的に安定している。**図2-40**に示すように、ジェット燃料の
単位体積当たりの発熱量は、スクラムジェットエンジンの燃料としてこれまで
用いられてきた液体水素の３倍以上であり、高い体積効率が得られる。また
ジェット燃料は極低温燃料である液体水素と違い、常温・常圧環境下での保管
が可能であり、取り扱いが極めて容易である。

（2）エンジン作動範囲の拡大

　推進薬に酸化剤を含有しなければならないロケットブースタの燃費は悪いた
め、HCMのクルーザを巡航速度である極超音速までロケットブースタで加速
しようとすれば、大型のロケットブースタが必要になる。もしスクラムジェッ
トエンジンがより低速の超音速域の飛しょう速度でも作動できれば、クルーザ

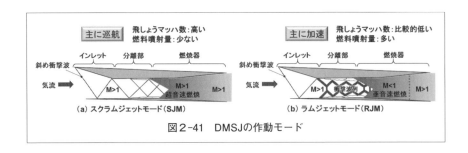

図2-41　DMSJの作動モード

は超音速から極超音速までスクラムジェットエンジンにより自力で加速することができるため、ロケットブースタの加速の負荷が減り、ロケットブースタの小型化が可能である。すなわち、スクラムジェットエンジンが単一形態で超音速加速・極超音速巡航をカバーできれば、HCMの小型化が可能となる。

　単一のエンジン形態で超音速〜極超音速の飛しょうをカバーするエンジンとして、デュアルモード・スクラムジェットエンジン（以下、「DMSJ」という）がある。DMSJの作動モードを図2-41に示す。DMSJは、飛しょうマッハ数・燃料噴射量によりラムジェットエンジンあるいはスクラムジェットエンジンとして作動するエンジンである。DMSJの設計点は超音速燃焼となるスクラムジェットモード（以下、「SJM」という）である。SJMは飛しょうマッハ数が高いか燃料噴射量が少ない場合に起こるモードであり、主に巡航時で用いられる。他方、亜音速燃焼となるラムジェットモード（以下、「RJM」という）は飛しょうマッハ数が低いか燃料噴射量が多い場合に起こるモードであり、主に加速時に用いられる。RJMでは、SJMと同様にインレットの出口において空気の流速は超音速であるが、燃焼器内で気流に熱的閉塞を生じるため、インレットと燃焼器の間に存在する分離部において衝撃波列を通して空気の流速は亜音速となる。DMSJは単一のエンジン形態でSJMとRJMの両方に対応できるため、超音速〜極超音速の飛しょうをカバーすることができる。

3.5　DMSJを搭載したHCVの技術研究ロードマップ

　現在、ASRCはジェット燃料を採用したDMSJを搭載したHCVの飛しょう実証を目指した研究活動を行っているが、3.4(1)項および3.4(2)項で述べたアプローチは、誘導弾に限らず高速飛しょうを目指す商業用途の輸送機にも必要であり、宇宙航空研究開発機構（以下、「JAXA」という）もDMSJの再使用宇宙輸送機への適用を目指した研究活動を行っていて、飛行実証機等の小型機体では容積効率の問題からジェット燃料が現実解であるとしている。両機関が最終的に目指すシステムは異なるものであるが、DMSJによる超音速～極超音速の飛しょうとジェット燃料の使用に関しては両機関の共通の興味であることから、両機関はジェット燃料を採用したDMSJを搭載したHCVの飛しょう実証を目標に、平成28年度から研究協力を進めている（図2-42）。

　研究協力は両機関が共同で作成した技術研究ロードマップに基づき行われている。技術研究ロードマップの概要を図2-43に示す。技術研究ロードマップにおいて、ジェット燃料を採用したDMSJを搭載したHCVの概案検討から飛しょう実証までの四つの技術ステップ（①～④）が具体化されており、双方の活動により技術成熟度レベルがステップアップする。研究協力の成果はASRCでは装備化に向けた研究開発に、JAXAでは再使用宇宙輸送機実現に向けた研

図2-42　ASRC/JAXAの研究協力

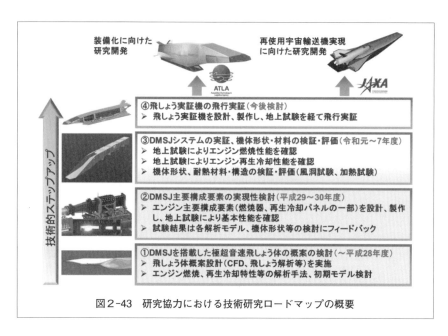

図2-43　研究協力における技術研究ロードマップの概要

究開発に反映される予定である。

　ASRCの研究活動（以下、「本研究」という）は技術研究ロードマップに基づき実施しており、ジェット燃料（Jet A-1）を採用したDMSJの主要構成要素について、平成30年度までに燃焼器単体および再生冷却パネルの一部の基本的な性能あるいは特性の確認を行った。これまでの本研究の成果として、図2-43の②「DMSJ主要構成要素の実現性検討」のうちジェット燃料を採用したDMSJの燃焼器に関しては、試験用DMSJ燃焼器による直結形態の地上燃焼試験で良好な燃焼を実証し、HCVの飛しょうに必要な推力が得られる見通しを得た。また燃焼器の再生冷却を想定し、再生冷却パネルの一部を模擬した単管を用いて、ジェット燃料と高温壁の間の熱伝達に関する基本特性の確認を行った。

　これらの成果を反映し、本研究では令和元年度よりジェット燃料を採用したDMSJシステムの研究試作（以下、「本研究試作」という）に着手し、現在は図2-43の③「DMSJシステムの実証、機体形状・材料の検証・評価」を実施しているところである。本研究試作では、燃焼器の他にインレット、ノズル、

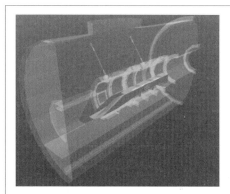

図2-44　地上燃焼試験によるDMSJシステム実証のイメージ

燃料供給機構、再生冷却機構等から成るDMSJ供試体を設計・製造し、令和7年度までに燃焼性能と再生冷却性能を地上燃焼試験により確認してシステムレベルの実証を行うことを目標としている（図2-44）。加えて、本研究試作ではDMSJの他に、HCVの実現に不可欠となる厳しい空力加熱に耐えるための耐熱材料・構造、DMSJを安定作動させながら高い揚抗比を達成する機体形状についても、検討を行う計画である。これらのうち、ここではDMSJに焦点を合わせ、それに関する取り組みの状況と展望とともに、将来の研究活動の主体となる④「飛しょう実証機の飛行実証」の展望について紹介する。

3.6　ジェット燃料を採用したDMSJの実用化の課題と解決方法

　各国がHCV実用化のためジェット燃料を採用したDMSJの研究開発に取り組んでいるが、現時点ではどの国も実用化に至っておらず、課題は大きい。ジェット燃料を採用したDMSJの実用化の課題と、本研究でASRCが採用している解決方法を図2-45に示す。

　ジェット燃料を採用したDMSJの主な特徴として以下の三つがあげられる。

　㋐　気流が燃焼器を超音速で通過するため、従来の推進機関に比べて、混合・燃焼のための時間が極めて短い。

　㋑　ジェット燃料は、これまで研究の主体であった水素に比べて、燃えにくい。

　㋒　高エンタルピーの流れの通過により、エンジン内壁への熱負荷が大きい。

　これらの特徴からもたらされる課題は端的に以下の二つであって、これらの課題を解決することにより高性能なDMSJが実現できる。

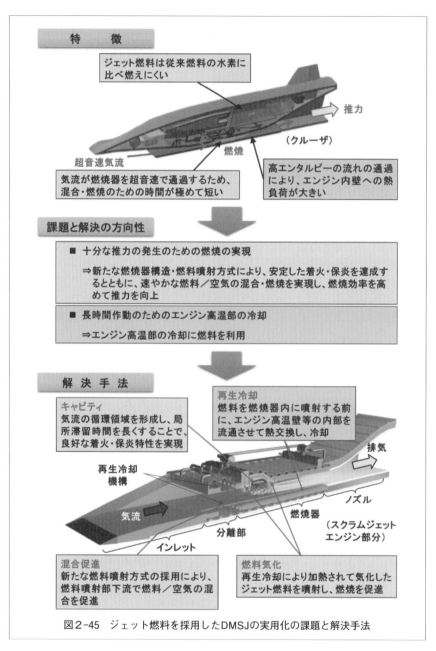

図2-45　ジェット燃料を採用したDMSJの実用化の課題と解決手法

(a) 十分な推力の発生のための燃焼の実現

(b) 長時間作動のためのエンジン高温部の冷却

㋐と㋑の特徴は(a)の課題に対応し、課題解決の方向性として、本研究では新たな燃焼器構造・燃料噴射方式により、良好な着火・保炎を達成するとともに、速やかな燃料／空気の混合・燃焼を実現し、燃焼効率を高めて推力を向上させることを目指している。㋒の特徴は(b)の課題に対応し、課題解決の方向性として、本研究ではエンジン高温部の冷却に燃料を利用することを目指している。

高性能なDMSJを実現するために、本研究では課題解決のために以下の四つの手法を採用している。

(i) 燃料気化

・ジェット燃料を液体のまま燃焼器内に噴射しても、短い滞留時間内で蒸発、混合、燃焼の過程を完結することは不可能である。そこで、本研究では再生冷却により加熱されて気化したジェット燃料を燃焼器内に噴射して燃焼を促進する。

(ii) 混合促進

・燃焼器内に噴射された燃料が気流に貫通して適度に流れ場が乱れる新たな燃料噴射方式を採用し、燃料噴射部下流で燃料と空気の混合を促進する。

(iii) キャビティ

・燃焼壁面にキャビティと呼ばれる凹部を設けることで気流の循環領域を形成し、局所滞留時間を長くすることで良好な着火・保炎特性を得る。キャビティで保炎された火炎を(ii)によって混合促進された燃料と空気の混合気に燃え広がらせることにより、安定した燃焼を得る。

(iv) 再生冷却

・燃料を燃焼器内に噴射する前に、エンジン高温壁等の内部を流通させて熱交換し、エンジン高温部を冷却する。冷却によって回収した熱を積極的に(i)に利用する。

3.7 スクラムジェットエンジン研究の実施状況

（1）試験実施状況

　現在、本研究は主にDMSJに関する技術課題に取り組んでいる段階であり、3.6項で述べた四つの手法の採用によりDMSJを実現するため、各種試験を実施しているところである。本研究における試験実施状況を図2-46に示す。

　本研究では、インレット、燃焼器、再生冷却機構、インレット＋燃焼器（エンジン全体）に関するデータを蓄積するため、インレット風洞試験、燃焼器単体DC[iv]燃焼試験、平面冷却壁加熱試験、インレット・燃焼器組合せ燃焼試験に取り組んでいるところである。

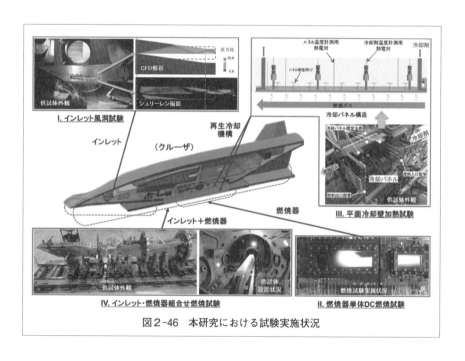

図2-46　本研究における試験実施状況

---

iv）　Direct Connect：直結形態

Ⅰ．インレット風洞試験

- **目的**：インレット形状をパラメータとした風洞試験を行い、インレット空力特性・始動特性データ等を取得し、HCVに使用するインレット設計技術を獲得する。
- **実施場所**：JAXA調布航空宇宙センター　極超音速風洞
- **現在の状況と今後の予定**：インレット風洞試験は始動・不始動特性取得と迎角特性取得の2段階で実施する計画であり、始動・不始動特性取得を終了して迎角特性取得の準備を進めているところである。始動・不始動特性取得では、四つのインレット形状に対して、極超音速気流中でインレットのスロート高さを変更することで、インレットの始動状態と不始動状態におけるシュリーレン画像および圧力分布を取得し、これらのデータをCFD[v]と比較することにより試験結果とCFDの整合を確認した。取得したインレット始動・不始動遷移基準や妥当性が確認されたCFDを、飛しょう体のインレット概案設計、燃焼器単体DC燃焼試験において燃焼器に流入させる気流の状態設定、インレット・燃焼器組合せ燃焼試験におけるインレット設計に活用する。迎角特性取得では、飛しょう体概念設計を反映してインレット設計を精緻化し、更新されたインレット形状に対して、より詳細な作動特性を取得する。

Ⅱ．燃焼器単体DC燃焼試験

- **目的**：燃焼器形状をパラメータとした直結形態の燃焼試験（地上試験設備により所望の条件の空気を直接燃焼器に強制的に圧送する形態の燃焼試験）を行い、燃焼特性データ等を取得し、エンジンの燃焼特性の確認および燃焼性能予測モデルの構築を行う。
- **実施場所**：JAXA角田宇宙センター　基礎燃焼風洞試験設備
- **現在の状況と今後の予定**：燃料噴射位置を含む燃焼器形状および気流条件

---

v)　Computational Fluid Dynamics：数値流体力学

をパラメータとした予備燃焼試験を実施し、燃焼効率や保炎性等の燃焼特性に対して影響が大きい燃焼器形状のパラメータの抽出を終えて、現在はこれらのパラメータの変化が燃焼特性に及ぼす影響の詳細を確認する最終的な試験を実施しているところである。本燃焼試験の結果をCFDと比較して物理現象を解明し、性能予測モデルを構築して、HCVの推進性能検討に活用する。

Ⅲ. 平面冷却壁加熱試験

- **目的**：再生冷却のためジェット燃料を流通させる燃焼器等の高温壁面の冷却流路を模擬した供試体を、ジェット燃料を流通させた状態で高温に加熱し、再生冷却の成立性検討に必要となるデータを取得する。
- **実施場所**：JAXA角田宇宙センター　基礎燃焼風洞試験設備
- **現在の状況と今後の予定**：平成29年度および平成30年度に、高温壁面の冷却流路の一部を模擬するために、ジュール加熱された単管にジェット燃料を流通して冷却する試験を実施した。今回実施する平面冷却壁加熱試験では、供試体を単管から複管で構成されるパネルに変更してより実機に近い形態とし、加熱方法もジュール加熱から実機相当の高温燃焼ガスによる加熱に変更する。そのため、試験実施形態が大きく変更されることから、予備加熱試験を行って試験実施の実現性を確認しているところである。実現性確認後、加熱条件やジェット燃料の流通条件をパラメトリックに変更して、冷却特性に関するデータを取得する。

Ⅳ. インレット・燃焼器組合せ燃焼試験

- **目的**：インレット、分離部、燃焼器およびノズルの一部を組み合わせた形態の供試体（以下、「インレット・燃焼器組合せ供試体」という）を用いて、セミフリージェット形態の燃焼試験（地上試験設備により所望の条件の空気をインレットに吹き付けて燃焼器に供給する形態の燃焼試験）を行い、燃焼特性データを取得し、実機における推力を推算するためのモデルの構

築を行う。

・**実施場所**：JAXA角田宇宙センター　ラムジェットエンジン試験設備

・**現在の状況と今後の予定**：ジェット燃料を採用したDMSJに関して、これ
までに国内でインレット・燃焼器組合せ供試体を用いてセミフリージェッ
ト形態の燃焼試験を実施した実績がない。インレット・燃焼器組合せ形態
の燃焼特性を確認するためには、ラムジェットエンジン試験設備の低圧
チャンバーに設置されたインレット・燃焼器組合せ供試体に対して風洞か
らの極超音速気流が吹き付けられた際に、確実にインレットが始動しなけ
ればならない。

　また再生冷却により加熱されて気化したジェット燃料を燃焼器内に噴射
する状況を模擬し、所望のシーケンスで燃料供給を行うためには、特殊で
規模の大きな燃料加熱・供給装置が必要である。このように、インレット・
燃焼器組合せ燃焼試験には、DMSJ設計のみならず試験セットアップに係
る課題も多く存在するため、早期に試験実施の実現性の目処を得る必要が
ある。従って、暫定的なインレット・燃焼器組合せ供試体および燃料加熱・
供給装置を用いて、極超音速飛しょうに相当する気流条件で予備燃焼試験
を実施した。この試験セットアップで所定のシーケンスで燃焼試験が行え
ることが確認できたことから、試験実施の実現性の目処が得られたものと
考えている（本予備燃焼試験の概要については3.7(2)項を参照）。今後は、
インレット風洞試験および燃焼器単体DC燃焼試験の成果を反映してイン
レット・燃焼器組合せ供試体の設計の精緻化を図り、地上燃焼試験により
HCVに必要な推力発生の実現性を確認するとともに、DMSJの推進性能予
測モデルを構築し、HCVの推進性能検討に活用する。

（2）試験結果の一例（インレット・燃焼器組合せ燃焼試験の予備燃焼試験）

　本研究で実施している試験の結果の一例として、インレット・燃焼器組合せ
燃焼試験の予備燃焼試験の結果概要を紹介する。本予備燃焼試験の結果概要を
図2-47に示す。

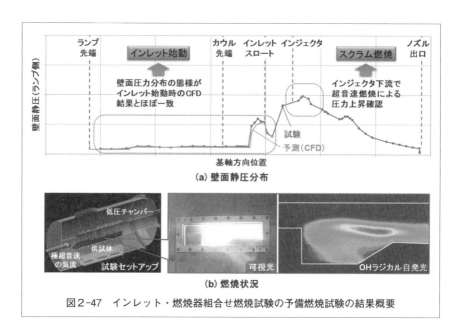

図2-47　インレット・燃焼器組合せ燃焼試験の予備燃焼試験の結果概要

　図2-47の壁面圧力分布は、インレット・燃焼器組合せ供試体のインレット
ランプ側の壁面静圧の分布であり、試験で測定した静圧とCFDで予測した静
圧を比較したものである。CFDはインレット風洞試験において妥当性が確認
されたものである。燃焼の影響を無視できると予想されるランプ先端～イン
レットスロート付近の流れ場において、CFD結果と本予備燃焼試験の結果は
よく一致している。すなわち、本予備燃焼試験の条件において、インレットは
想定どおり始動したものと考えられる。またインジェクタ直後の下流域におい
て確認された静圧の上昇は、燃焼器においてジェット燃料が超音速燃焼（スク
ラム燃焼）したためであると考えられる。

　図2-47の燃焼状況は、インレット・燃焼器組合せ供試体の燃焼器側面の可
視化窓からの光学計測結果（可視光・OHラジカル自発光）である。可視光に
よる光学計測によって、気化して燃焼器内に噴射されたジェット燃料が気流中
で良好に燃焼する様子が確認され、インレット・燃焼器組合せ供試体の安定作
動が確認された。OHラジカル自発光の光学計測では、気化した燃料が噴射直

後から速やかに着火し、燃焼する様子が確認された。これらの光学計測結果から、気化したジェット燃料が燃料噴射部下流で速やかに空気と混合し、キャビティに滞留している燃焼中のガスあるいは高温の既燃ガスが、燃料噴射部下流の可燃性混合気の着火・燃焼を促進していると判断することができる。

3.7⑴項のⅣで述べたように、本予備燃焼試験はインレット・燃焼器組合せ燃焼試験の実現性を早期に確認することが目的であったが、本予備燃焼試験の結果から、本研究で目指すDMSJの形態・方式に関する原理を検証することもできたと考えられる。本予備燃焼試験は、極超音速飛しょう相当条件のセミフリージェット形態の燃焼試験において、実機相当長さの供試体を用いて、ジェット燃料を採用したDMSJのスクラム燃焼に国内で初めて成功したものであり、わが国のDMSJ研究開発において大きなマイルストーンを達成することができた。

3.8　今後の展望

HCVのコア技術はDMSJであり、3.7⑵項で述べたように、インレット・燃焼器組合せ燃焼試験の予備燃焼試験の成功は大きな成果であったが、依然としてDMSJの実現までの道程は厳しい。高性能なDMSJを実現するためには、推進性能に直接的に影響するインレットや燃焼器の個々の性能を向上させることはもちろんのこと、これらの性能向上効果を期待どおり得るためには、これらを適切にマッチアップさせる必要がある。

また飛しょう条件に応じて適切なエンジン作動状態を得るためには、燃焼器内の燃焼だけでなく燃料の供給も重要である。燃料の供給特性は燃料供給機構のみでは定まらず、再生冷却機構や燃焼の熱負荷（再生冷却する高温壁への熱伝達量）に影響されるため、DMSJのシステム全体のバランスを視野に入れて検討する必要がある。加えてDMSJを長時間作動させるためには、起こり得るすべてのエンジン作動状態において確実に再生冷却が成立しなければならず、加熱条件や燃料流通条件に応じた冷却特性を深く理解する他、安定した冷却を

行うために燃料の流れのダイナミクスをコントロールしなければならない。

このように、DMSJの実現までには多くのハードルが存在しており、これらのハードルを着実に超えていく必要がある。本研究では今後、3.7(1)項で紹介した試験の他に、再生冷却機構、燃料供給機構、これらとインレット・燃焼器組合せ供試体との組み合わせに係る試験が計画されている。これらの試験を通じて、個々の構成要素およびサブシステムの特性評価を確実に行いつつ、システムインテグレートして各構成要素・サブシステムを適切にマッチアップさせて、令和7年度の地上燃焼試験によるDMSJのシステム実証を目指す。

本研究において、HCVのコア技術であるDMSJのシステムレベルでの実現性に見通しが得られれば、極超音速飛しょうが可能な一連の研究の成果を反映したDMSJを搭載したHCV（図2-48）を試作し、当該HCVの飛しょう実証（図2-49）を努めて早期に実現したいと考える。

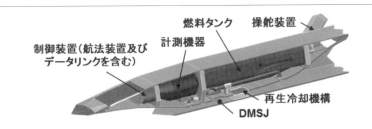

図2-48　飛しょう実証用HCVのイメージ

図2-49　飛しょう実証用HCVによる飛しょう実証のイメージ

第3章

無人機関連の先進技術

1. UAVインターフェース技術

これまで無人航空機（UAV）のパイロットインターフェースは、ヒューマンファクターに起因する無人機事故を教訓に、制御系への入力装置としてさまざまな表示や入力方式の改善が行われてきた。しかし近年、人工知能（AI）の発展によりUAVの制御則はさらに高度化しており、パイロットインターフェースは、これまでのUAVをモニターし指示を与えるための装置から、無人システムと信頼関係を構築し相互にインタラクションするための装置として進化しつつある。また、これに伴い米国における研究開発や教育訓練の現場ではVR（Virtual Reality）やAR（Augmented Reality）を活用した新たなインターフェースが検証されている。そして今後、AI技術によるUAVの自律化やインターフェースの統合化を突き詰めていけば、VRやARを活用したインターフェースについてより本格的な検討がなされるだろう。

そこで本章では、これまでのUAVパイロットインターフェースの進化を解説するとともに、現在米国において実施中の研究内容やわが国で実施しているVRやARを活用した先進的なパイロットインターフェースについて紹介する。

1.1　これまでの技術動向

本項では、まずUAVにかかる全体の地上システムについて概略とパイロットインターフェースの役割を説明し、その後これまでのパイロットインターフェースの技術動向について解説する。

（1）地上システムの概略

地上システムには機体規模に関わらず、地上管制装置および整備支援器材が必要となる。これに加えて手投げ可能な携帯型UAVを除いて、機体発射＆回収システムが必要となり、見通し外通信を行う場合、さらに衛星を用いたデー

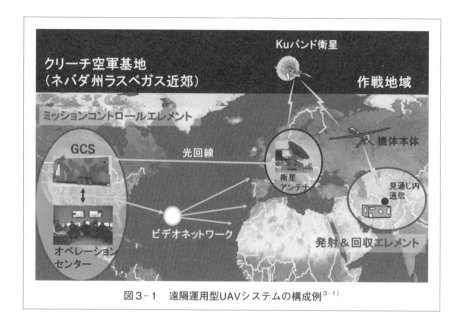

図3-1　遠隔運用型UAVシステムの構成例[3-1]

タリンクシステムも必要となる。

　例えば遠隔運用されているMQ-1 PredatorやMQ-9 Reaperの場合、米国本土から1万キロ以上離れた作戦地域で運用するため、地上システムは図3-1に示す通りミッションコントロールエレメントと発射＆回収エレメントに分けられる[3-1]。機体本体は発射＆回収エレメントから離陸し、離陸直後は見通し内通信を利用し作戦地域へ進出、ある程度進出すると米国にある地上管制装置（GCS）へ指揮管制が引き継がれる。このため米国本土のUAVパイロットは、遠隔から光回線や独自のビデオネットワーク、Kuバンド衛星を介して機体本体を指揮管制することとなる。

　このようにUAVの遠隔操作により発生する時間遅れの影響や加速度等の飛行感覚の欠如を克服するため、UAVパイロットインターフェースは有人機のパイロットインターフェースとは異なる独自の進化を遂げてきた。そこで次項では、これまでのUAVパイロットインターフェースの進化について解説する。

（2）UAVパイロットインターフェースの進化

ア　先行研究

2007年にFAA（Federal Aviation Administration）が発表したUAVパイロットインターフェースの評価書（以下、「FAA報告書」という）では、過去に運用された代表的なUAVパイロットインターフェースにかかる入力表示方式がまとめられている[3-2]。FAA報告書では**表3-1**に記載のメーカー9社からの聞き取りにより、15機種のパイロットインターフェースの入力表示方式を**表3-2**にまとめている。この表3-2から直接傾向を見出すことは難しいため、次項においてクラスタリングを用いた分析を行った。

表3-1　FAA報告書調査対象の無人機15機種

Manufacturer	System
AAI	Shadow
Aerovironment Inc.	Helios, Pathfinder, Puma, Raven
Aurora Flight Sciences Corporation	Perseus, Golden Eye
Bell Helicopter Textron	Eagle Eye
General Atomics Inc.	Altair, Predator A, Reaper
Israeli Aeronautics	Aerostar
Israeli Aircraft Industries	Hunter
Northrup Grumman	Global Hawk
Pioneer UAV Inc.	Pioneer

表3-2　無人機15機種のユーザーインターフェース方式分類結果

System	Horizontal Control				Vertical Control				Speed			View Point
	Roll Acceleration	Bank angle rate	Heading	Waypoint	Pitch Acceleration	Vertical Speed	Altitude	Waypoint	Thrust	Airspeed	Waypoint	
Aerostar	n	R	V	V	n	R	V	V	R	V	V	X
Altair	n	J	n	V	n	J	n	V	P	J	V	G
Eagle Eye	n	V	n	V	n	V	n	V	n	V	V	X
Global Hawk	n	V	V	V	n	V	V	V	n	V	V	X
Golden Eye	n	V	n	V	n	V	n	V	n	V	V	X
Helios	n	P	n	V	n	P	n	V	P	n	V	G
Hunter	R	n	P	V	R	n	P	V	R	P	V	X
Pathfinder	n	P	n	V	n	P	n	V	P	n	V	G
Perseus	n	J	n	V	n	J	n	V	P	n	V	G
Pioneer	R	n	P	V	R	n	P	V	R	n	V	X
PredatorA	n	J	n	V	n	J	n	V	P	J	V	G
Reaper	n	n	n	V	n	J	M	V	P	J	V	G
Puma	n	n	n	V	n	n	n	V	n	n	V	X
Raven	n	J	n	V	n	J	n	V	n	n	V	X
Shadow	n	n	V	V	n	n	V	V	n	V	V	X

n: None, R: Radio Control Box, J: Joystick, P: Physical controls, M: Menu selection, V: Virtual controls
G: Geocentric Viewpoint, X: eXocentric viewpoint

イ　クラスタリングによる動向分析

　表3-2の先行研究を基に、本項ではさらに傾向を分析するためクラスタリングを実施した。今回の分析ではカテゴリーデータに対応したクラスタリングが可能なK-medoidを採用した[3-3]。本手法によるクラスタの代表点はmedoidと呼ばれる。medoidはクラスタ内のデータ点であり、当該クラスタ内の他のデータ点との距離の和が最小になる点と定義される。すなわちクラスタをC_l、データ間の距離をd_{ij}とすると以下の評価式Lを最小化する点をmedoidと定義する。

$$L = \sum_l min_{j \in C_l} \sum_{i \in C_l} d_{ij}$$

　例えばクラスタ数を3とした場合の評価式とクラスタリングされたデータのイメージは図3-2のとおりである。実際の計算では、1回の計算でmedoidを算出することは困難であるため、あらかじめ設定されたクラスタの数だけ任意の初期値を選択し評価式Lが収束するまでクラスタの組み合わせ変えながら反復計算を行うことによりmedoidを算出する。

　また一般的にクラスタとデータ点との距離d_{ij}はユークリッド距離が用いられるが、表3-2のデータはカテゴリーデータであるため、本手法では以下の式で定義されるハミング距離を用いた。

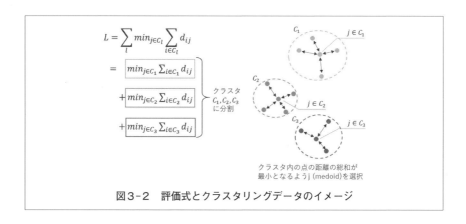

図3-2　評価式とクラスタリングデータのイメージ

$$d_{ij} = d_h(\boldsymbol{x}, \boldsymbol{y}) = \sum_{k=1}^{n} d_h(x_k, y_k)$$

$$\text{where, } d_h(x, y) = \begin{cases} 0 \ (x = y) \\ 1 \ (x \neq y) \end{cases}$$

例えば表3-2のAerostarとAltairのハミング距離を計算した場合、以下の通り7となる。

$$x_{aerostar} = \{n, R, V, V, n, R, V, V, R, V, V, X\}$$

$$x_{altair} = \{n, J, n, V, n, J, n, V, P, J, V, G\}$$

$$d_h(\boldsymbol{x_{aerostar}}, \boldsymbol{x_{altair}}) = \sum_{i=1}^{n} d_h(x_{aerostar,i}, x_{altair,i}) = 7$$

以上のようにハミング距離を計算し、評価式Lが最小になるmedoidを求めることでカテゴリーデータのクラスタリングを行った。クラスタ数を5とした場合の各クラスタの特徴は以下の通りである。

クラスタ1（Physical Control型）：

1980～1990年代前半にかけて初飛行したUAV（PioneerおよびHunter）の地上管制装置が該当する（図3-3）。これらは無人機の姿勢入力にRadio Control Boxやノブを使用するPhysical Controlを採用しており、無人機の制御はロールピッチヨーを直接操作するDirect Control方式であった。本方式は大きな機動を伴わず、自動操縦も行わない初期の無人機に採用された方式である。

クラスタ2（マウス、キーボード入力型）：

マウスとキーボードを用いた入力を採用した方式である。クラスタ1のパイロットインターフェースに比べ直観的な入力が可能であり、高度速度等の飛行諸元の入力に適した方式である。また、これ

図3-3　Pioneerの地上管制装置[3-4]

によりUAVの制御則も変化している。例えば1998年に初飛行したEagle Eyeでは、クラスタ1で採用されたDirect ControlではなくFlight Path Controlに変更されている。また本方式は長時間の任務が必要となるGlobal Hawkにも採用されている（図3-4）。

クラスタ3（マウス、キーボード入力＋ジョイスティック型）：

クラスタ2のマウス、キーボード入力に加え、ジョイスティックによる入力も対応した方式である（図3-5）。本方式を採用したUAV（Predator AおよびReaper）は、偵察任務だけではなく対地攻撃任務も行っている空軍機である。このようなUAVは、センサやウェポンの操作等精度の高い入力が必要であるため、ジョイスティックは有効な入力手段となる。

クラスタ4（Physical Control＋マウス、キーボード入力型）：

クラスタ1（ノブ、スイッ

図3-4　Global Hawkの地上管制装置[3-5]

図3-5　Reaperの地上管制装置[3-6]

図3-6　Helios[3-7]

チによる入力方式）とクラスタ2（マウス、キーボードによる入力方式）を組み合わせた方式である。この方式を採用したUAVはHelios（図3-6）や

Pathfinderのように飛行中、急激な姿勢の変化を伴わない長時間飛行する機体である。また本方式に該当する軍用機はなく、運用実績は乏しい。

クラスタ5（携帯型）：

クラスタ5は、携帯可能な小型ジョイスティックとタッチパネルを搭載したパイロットインターフェースであり、携帯ゲームの発展に伴い発達した。陸軍

図3-7　Pumaのインターフェース[3-8]

の短距離低高度における偵察任務用小型UAV（RavenおよびPuma）に採用されている（**図3-7**）。

次にそれぞれのクラスタ1～5の関係性を分析するため、調査したインターフェースを年代順に並び変えた（**図3-8**）。1980～1990年代前半にかけてはコ

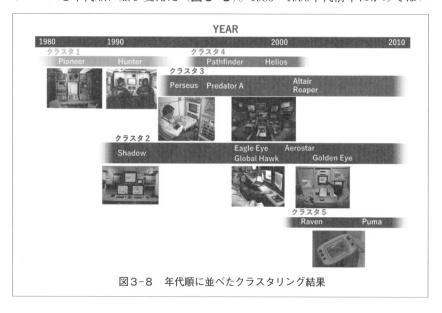

図3-8　年代順に並べたクラスタリング結果

ントロールノブやスイッチによる入力方式を採用したクラスタ1が主であった
が、1990年代からジョイスティックやマウス、キーボード入力を採用したクラ
スタ2および3が主流となった。

　現在でも主流となっているクラスタ2とクラスタ3の違いは、ジョイス
ティックの有無である。ジョイスティックを有するクラスタ3に属するUAV
は、前述の通り対地攻撃ミッションにおけるカメラ操作やターゲティング指示
が必要なものが多いほか、機体の姿勢制御にあたり自動操縦を併用しつつも
パイロットが直接操縦する方式が多い。FAA報告書を基に筆者が作成した機
体の姿勢制御におけるパイロットのコントロールレベルと制御パラメータの関
係を図3-9に示す。UAVが入力された目標地点に基づいて機体を制御し飛行
する比較的高度な制御測に対応していれば、マウスやキーボードを備えたパイ
ロットインターフェースが採用される傾向がある。反対に機体姿勢をオペレー
タが直接制御する場合、ジョイスティックが入力インターフェースとして好ま
れている。クラスタ3に属するUAVは、図3-9における幅広いコントロール
レベルに対応するためマウス、キーボードに加えジョイスティックが装備され
ている。

　幅広いコントロールレベルに対応するインターフェースの柔軟性という観点
ではクラスタ3のパイロットインターフェースの方が優れていると考えるかも

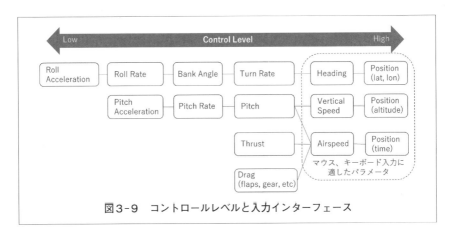

図3-9　コントロールレベルと入力インターフェース

しれないが、一概にクラスタ２とクラスタ３の優劣を決めることはできない。インターフェースの種類やそれに対応する制御モードを増やすと、オペレータのモード誤認を招きやすい[3-9]。またコントロールレベルを高めれば操縦にかかるワークロード低減が期待できるが、故障時や複雑なルート変更などの状況変化により機体を直接制御する必要が生じた際も困難を伴う[3-10]。こうした背景からインターフェースの方式は、UAVに要求されるミッションや制御則、耐故障性およびUAVシステムへの信頼性に基づいて選定されるのである。特に近年、急速に進化しているAI技術はUAVの制御則にも適用されつつあり、UAVインターフェースは、これまでのUAVをモニターし指示を与えるための装置から無人システムと信頼関係を構築し相互にインタラクションするための装置に進化しつつある。これに関する近年の研究や将来のインターフェースについては1.2項で後述する。

（3）パイロットインターフェースの統合化と教育訓練の進化

パイロットインターフェースに関してもう一つ重要なトレンドは、インターフェースの統合化である。1990年代以降、パイロットインターフェースの多様化により教育訓練や維持整備にかかるコストの増加、異なるプラットフォーム同士の情報共有および複数無人機の指揮管制が課題となった。そこで1998年、NATO標準規格において無人機の相互運用性向上のため標準化されたビークルコントロールシステムに関する要件をまとめたSTANAG 4586が定められた[3-11]。この標準規格には、アーキテクチャ、インターフェース、通信プロトコル、データ要素およびメッセージフォーマットに関する規定が含まれている。

米陸軍では将来ロードマップにおいて複数UAVを１人で同時に指揮管制することを目指しており、これまでSTANAG 4586に基づくパイロットインターフェースであるUniversal GCS（Ground Control Station）を採用し、現在、段階的にソフトウェアのアップデートを行っている[3-12]。また米空軍では2017〜2020年の間、これまでのMQ-9 Reaperのパイロットインターフェース（GCS Block15）の後継として、タッチパネルを搭載しSTANAG 4586に

も対応したGeneral Atomics Aeronautical社製のGCS Block 30（図3-10）を調達している。

米空軍におけるインターフェースの統合化に伴い、パイロットやセンサオペレータの教育プログラムも進化している。2020年には、2018年から開始した有人機パイロットを養成する新たな教育プログラムである

図3-10　General Atomics GCS Block30[3-13)]

Pilot Training Nextを参考に、RPA Training Nextという教育課程を開始している[3-14)]。このプログラムは、従来のUAVパイロット養成プログラムと比べ、シミュレータによる教育や座学により重点を置いており、パイロットやセンサオペレータを従来の教育プログラムより短期間で養成することを目的としている。また人間の指導教官に加えて、AIバーチャルパイロットインストラクターも試験的に採用している。さらにVRについても将来的にはMQ-9 Reaperの高度な戦術、技術および手順を訓練するツールとして活用することを検討している[3-15)]。

1.2　パイロットインターフェースの将来

ここまでは軍ですでに運用されているUAVのパイロットインターフェースを中心に技術動向を解説してきたが、本項では現在実施されている研究開発について紹介する。

（1）米国の動向

米国で研究中のUAVのうち注目すべきパイロットインターフェースは、

X-47B用インターフェース、Swarmインターフェースおよび空対空戦闘UAV用インターフェースである。

2011年に初飛行した米海軍のX-47Bのインターフェースは、Global Hawkの属するクラスタ2と同様マウス、キーボード入力を採用した方式であった[3-16]。X-47Bは無尾翼形状であるが、自動操縦により、横風や滑走路長等の着陸条件が厳しい空母への着艦にも成功しており、飛行制御の自動化に関して高い信頼性を確立している。こうした飛行制御技術の進化により、インターフェース方式はマウス、キーボード入力が中心になったものと考えられる。また空母上で運用する無人機という特性から、地上員は図3-11に示す新たなユーザーインターフェース（Arm Mounted Controller）を使用している。この地上員用インターフェースは、カタパルトへ誘導する際の甲板上での機体操作や機体格納時の翼の折り畳み操作時に利用されている[3-17]。

図3-11　X-47B地上員用インターフェース[3-18]

分散制御技術の進展により無人機群（Swarm）の制御が可能となり、これを指揮管制するインターフェースも登場している。2016年、超小型無人機Perdixを利用したSwarmデモでは、図3-12のようなインターフェース画面が使用されていた。デモの様子からこのインターフェースはマウス、キーボード入力方式と考えられ、オペレータは、プリセットされた飛行目標地

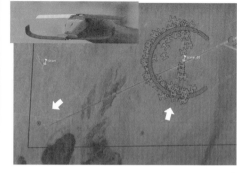

図3-12　Perdix（Swarm）用インターフェース画面[3-19]

点（図中矢印の点）のフォーメーションを変化させることでSwarmのフォーメーション変更を可能としている。

2020年、DARPAは、フルスケール機による空対空戦闘AIの技術実証プログラムACE（Air Combat Evolution）のうち指揮管制のためのインターフェース開発にかかる契

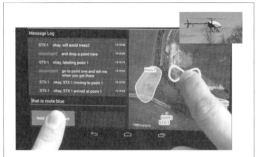

図3-13　Soar Tech社のUAV指揮管制インターフェース[3-22]

約ACE TA2を、米国のSoar Tech社と締結した[3-20]。この技術実証プログラムは、四つの技術分野（空対空戦闘AIの開発、インターフェースの開発、空対空戦闘AI成果の戦略規模への応用およびフルスケール機を用いた空対空戦闘AIの実証）で構成されている。詳細は明らかにされていないが、インターフェースの開発は2020〜2023年の間、インターフェースの試作およびパイロットのUAVに対する信頼性評価手法の構築を行う計画である[3-21]。インターフェースにかかる契約を獲得したSoar Tech社は、これまで音声入力とタッチパネルを利用したUAV指揮管制インターフェース（図3-13）を開発しており、サブコントラクターであるCollin Aerospace、United Technology Research CenterおよびUniversity of Iowa Operator Performance Laboratoryの協力体制の下、空対空戦闘無人機用指揮管制インターフェースを機体搭載可能な規模で試作するものと考えられる。

（2）日本における研究例

これまでのインターフェースの入力方式は、スイッチやノブによる入力から飛行制御の高度化に伴いマウス、キーボード入力へと進化し、近年ではタッチパネルや音声入力が採用されている。また米国の空対空戦闘AIの技術実証プログラムACE TA2でも紹介したように、無人機を指揮管制する場所は従来の

地上ではなく上空へと移行しつつある。このような現状から、近い将来の上空から無人機を指揮管制するインターフェースはタッチパネルや音声入力を採用した方式が有力と考えられ、これをいかにオペレータのワークロードに配慮しながらコックピットとして成立させるかが目下の課題と考えられる。またパイロットの教育訓練においてはモーションキャプチャーを用いた入力にも対応したVRコックピットが教育環境として試験的に採用されている。こうした急速な変化も踏まえVRやモーションキャプチャーを活用した最新の入力方式についても検討し、得られた成果を音声入力やタッチパネル化が進んだインターフェースに対し段階的に適用することも必要と考えられる。

　このような背景から防衛装備庁航空装備研究所では、遠隔操作型支援機技術の研究および「将来搭載機器構成要素の研究」においてMixed Realityコックピットに関する検討を行っている。遠隔操作型支援機技術の研究では、有人機との協調行動や戦術機動を可能とする無人機戦術飛行制御技術について実証するとともに、当該技術に適合しワークロードにも配慮したインターフェースについて研究する。Mixed Realityコックピットに関する検討は、コンピュータグラフィックスによりVRおよびARを組み合わせた世界を実現するMixed Reality技術を活用し、遠隔操作型支援機技術の研究で得られた成果を踏まえ、Mixed Reality技術を活用した最新の入力方式や新たなワークロード評価手法についてについて検討し、得られた成果を音声入力やタッチパネル化が進んだインターフェースに対し段階的に適用することを目的としている。本項では、VR/AR技術を活用した新たなUAVパイロットインターフェースの検討状況と検討により判明した技術課題について紹介する。

　これまで説明した通り、インターフェース方式とコントロールレベルには密接な関係があり、今後AI技術によるUAVの自律化が進めば、これまでのマウス、キーボード入力による目標点の入力だけではなく、1次元のライン入力や2次元的なエリア入力または3次元的なボリューム入力を直観的に行えるインターフェースが求められる。また人間と無人システムが効果的に連携しタスクを進めるためには、音声を活用したインターフェースも有効と考えられる。

図3-14　UAV指揮管制VRディスプレイ

　このような検討に基づき本研究では、商用デバイスを用いVR環境下で3次元的なUAV指揮管制ディスプレイを構築し、モーションキャプチャーによって無人機の飛行経路指示を直観的に行うことができるインターフェースについて検証した。検証の様子は**図3-14**のとおりであり、VR空間上でモーションキャプチャーにより操縦者の手が表示され、3次元ディスプレイ上を人差し指でなぞることによって無人機の飛行経路を指示している様子が確認できる。また音声読み上げ機能も実装しており各種イベントを設定すれば、それに応じて音声でレスポンスを返すことも可能である。この検証によって明らかとなった技術課題は、以下のとおりである。

(a)　インフォメーションレイアウト

　3次元空間に情報を配置する場合、パソコン画面のように黒いディスプレイ上にいくつかの四角いウィンドウを配置し情報を表示させる従来のウェブユーザーインターフェースデザイン手法は利用できない。ダイナミックに変化する外界の背景情報を阻害せず情報のプロパティ（位置、サイズ、色、フォント、輝度等）を設定する必要がある。また情報表示に用いる座標系もより複雑とな

る。メインディスプレイは機体座標系に固定されたディスプレイの2次元座標ではなく3次元となり、これに加えてヘッドトラッキングを活用する場合は頭部座標系、アイトラッキングの場合は眼球座標系およびハンドトラッキングの場合は手首座標系をそれぞれ設定し、効果的に情報を各座標系に配分しなければならない。

さらに、スマートフォンのようにディスプレイレイアウトをユーザーが自由に変更できるシステムを想定した場合、利用者の嗜好も考慮する必要がある。以上のような問題はインフォメーションレイアウトと呼ばれる分野で取り扱われており、これまでの先行研究では歩行時や自動車運転時のナビゲーションタスクを対象としたものが多いため、課題解決にあたってはこうした先行研究をヒントに検討を進めていく必要がある。

(b) VR酔い

自動車や航空機のように移動しているプラットフォーム上の視点をVR化した場合、酔うことがある。これをVR酔いという。VR酔いは動揺病の一種とされ、メカニズムについてはいまだ解明されていない部分が多い。有力な説としては視覚系と前庭系（および体性感覚系）の感覚の不一致説がある[3-23]。また例えば運転者は同乗者より酔いにくいことがあるように、このような不一致が生じても、プラットフォーム上で生じる運動が予測できるものであれば被験者にはある程度この不一致を補正する機能が備わっているという主張もあり、事実VR酔いの程度はVR化する対象や表示条件等により異なる[3-24, 25]。VR酔いが生じた場合、これを低減する対策としては、感覚の不一致を解消するように、視覚系または前庭系の感覚を補正する手法がある。

視覚系に対しては、視覚誘導性自己運動感覚（止まっている電車に乗っている際に隣の電車が動き始めると自分の電車が動いているように感じる現象を一般化した感覚）を利用するものやアイトラッキングとレンダリングコントロールを組み合わせた加速度方向への視線誘導が挙げられる。また前庭系に対する補正手段としてはモーションテーブルの採用がある。

(c) 操作性

　VRコックピットで仮想的な物体を不自由なく操作する場合、現実世界で感じる身体的感覚との差異に着目し、実際に使用し違和感があれば、必要に応じてこれに対処することが重要である。例えばVR中に手で仮想的な2Dディスプレイ上のボタンを押す操作を考えた場合、プログラム上では指先と仮想ディスプレイ間の距離による当たり判定またはハンドトラッキングデータによるジェスチャー判定により、ボタン押下イベントを定義する手法が考えられる。距離による当たり判定の場合、実世界では何もない空間で指をそっと突き出しているだけなので、ボタン押下後にフィードバックがなければ操作者は意図通りボタンを押しているか分からない。

　このような状況でフィードバックを与える手法としては、5感（視覚、聴覚、触覚、嗅覚、味覚）を利用したクロスモーダルを活用したケースが多い。例えば、ディスプレイの色を変え（ティント）させる、効果音を付ける、ディスプレイに弾性変形効果を与える等のフィードバックが想定される。振動のように触覚にフィードバックを与えるケースは、これまでVRグローブにより実現されてきたが、最近ではグローブ不要の超音波空間ディスプレイも登場している。またジェスチャーを活用する場合でもクロスモーダルによるフィードバックは有効である。さらにジェスチャーの場合、距離による当たり判定処理と比べ、操作者はより大きな動きを伴った動作を行うためより大きな自己操作感が期待できる他、パイロットが用いるハンドジェスチャーのようにさまざまな入力モードを定義することができる。

(d) インターフェース評価

　インターフェース評価は、これまでTask Load Index等に代表される主観的評価が中心であったが、近年のAI技術にかかる分析技術の進展から、パイロットの脳波や視線情報といったバイオメトリクスによるリアルタイム評価技術についても注目されている。特に視線計測は、計測装置の入手性、計測精度および視線計測データから得られる特徴量とモニタリングタスクのパフォーマンスとの相関性の高さから新しいインターフェース評価において重要な要素となり

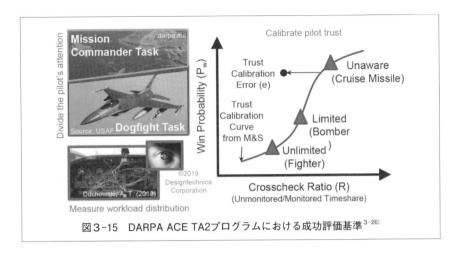

図3-15　DARPA ACE TA2プログラムにおける成功評価基準[3-26]

つつある。例えば、1.2(1)項で紹介した空対空戦闘AIにかかるインターフェースの開発と信頼性評価手法構築プログラムでは、プログラムの成功評価基準として、視線計測データから算出可能な指揮管制画面をモニターしている時間比率（クロスチェック比）が採用されている。詳細は明らかではないが、**図3-15**のようにオペレータと無人システムの信頼関係を、クロスチェック比と勝率の関係から間接的に評価する試みのようである。

　UAVパイロットインターフェースの方式は、UAVに要求されるミッションや制御則、耐故障性およびUAVシステムへの信頼性に基づいて選定されている。インターフェース方式とコントロールレベルには密接な関係があり、インターフェース方式は、これまでノブやスイッチを入力とする方式からジョイスティックやマウス、キーボードを入力とする直感的な方式へと変化してきた。また、このような変化の過程でインターフェースは統合化され、オペレータの教育プログラムも進化している。

　そして近年、AI技術はUAVシステムの制御則にも適用されつつあり、UAVパイロットインターフェースは、これまでのUAVをモニターし指示を与えるための装置から無人システムと信頼関係を構築し相互にインタラクションする

ための装置へと進化しつつある。米国では研究開発や教育訓練の中でVRシミュレータ等の新しいインターフェースが検証され、将来装備化する際に必要となるデータを着実に蓄積している。

　このようなAI技術によるUAVの自律化やインターフェースの統合化を突き詰めていけば、今後、米国でもVRやARを活用したインターフェースについて本格的に検討されるだろう。わが国でもVRやARを活用した先進的インターフェースについてすでに検討を進めており、今後、ここで紹介した技術課題についてさらに研究を進める予定である。

2. 防衛用航空無人機技術

2.1 航空無人機の分類

　航空無人機の起源は、第一次大戦中米国でほぼ同時に発明されたCurtiss-Sperry Aerial TorpedoおよびKettering Bugという２種の兵器に求めることができる[3-27]。これらは自動操縦により飛行し遠隔地の目標を攻撃する自爆兵器であり、巡航ミサイルとの共通祖先ともいえるものであった。以降、航空技術の進歩とともに航空無人機の開発・実用化が進められてきたが、ミサイルを除いてもそれらは大半が射撃訓練用標的、偵察等防衛用途のものであった。航空無人機技術はその歴史上、ほとんどの期間を防衛技術として発展してきたといえる。

　ところが近年、航空無人機の民生利用が急拡大し、空撮を中心に輸送、娯楽といった種々の任務を遂行する存在として、すっかり社会の一部となるに至った。普及の契機となったのが、安価かつ容易に実運用できる数十kg以下クラスの機体の市場投入である。その背景には、自動での飛行を可能とする航法・誘導・制御装置、また空地間の通信装置等といったコア部品の小型・軽量化が進み、安価な民生品として供給されるようになったこと、またバッテリーの大容量化やモーターの高効率化、カメラ等ミッション機器の小型・軽量化が進展したことがある。かつてもっぱら防衛技術の範疇であった航空無人機技術は、現在はかなりの部分がデュアルユース技術に位置づけられるといえ、民間の旺盛な技術開発の成果は各国軍事組織もCOTS（Commercial Off-The-Shelf）として装備品や技術の形で導入を図っている。

　防衛省では、無人機の中長期的な研究開発の方向性を定めた「将来無人装備に関する研究開発ビジョン　〜航空無人機を中心に〜」（2016年８月公表）[3-28]において、航空無人機を五つに分類し（**図3-16**）、それぞれについて取組み

の方向性を示した。**表3-3**のとおり、第1分類（携帯型・ドローン）については民生分野の成果を適宜導入することが効率的としている一方、技術的ハー

図3-16　航空無人機の分類

表3-3　防衛省における航空無人機の分類および取組みの方向性

分　類	内　　容	取組みの方向性
第1分類 （携帯型・ドローン）	携帯可能な機体規模の航空無人機であり、多くの場合、目視可能な近距離の範囲で運用され、昨今、一般的にドローンと呼称されているもの。	民生分野の成果を適宜導入することが、経済性の面から効率的。
第2分類 （近距離見通し内運用型）	中継を設けず遠隔制御拠点との通信が可能な見通し内で運用されるもの。発進もしくは回収するために機材を用いることが多い。	群での協調運用を含む高度な自律化を除きリスクの高い技術課題は少なく、ニーズに応じて比較的短期間で開発可能。
第3分類 （遠距離見通し外運用型）	遠隔制御拠点との通信に衛星通信などを利用し、比較的行動範囲の広い見通し外で運用されるもの。滑走路等から離着陸し、主として長時間滞空し、情報収集、警戒監視、偵察任務を行う。	国外では実運用されている航空無人機が数多く存在するが、わが国では無人実証機を試作した経験がなく、第4分類航空無人機を実現するにあたって必須基盤となる分類。
第4分類 （戦闘型）	ウェポンやセンサを搭載し、戦闘機等の有人機と連携するものを含め戦闘行動やその支援を担う戦闘型のもの。機体は第2分類もしくは第3分類で開発されたものの流用が見られる。	欧米や中国では無人実証機を飛行させており、国内では知能化、遠隔操作、飛行制御などに関する要素研究を行っている状況。
第5分類 （特殊飛行方式）	航空機の一般的な推進・浮揚方式とは異なる飛行方式を採用し、週から月単位の長期滞空を目指しているもの。大型飛行船、ソーラープレーン等が該当。	国内外とも、現在のところは技術実証にとどまり実運用に供されている機体は出現しておらず、実用化にはさらなる技術革新が必要。要素技術の多くはデュアルユース技術であり、研究機関等との協力により効率的に推進できると考えられる。

ドルが高くかつ民生分野の成果活用が期待し難い第3分類（遠距離見通し外運用型）および第4分類（戦闘型）に係る技術については、今後、省のリソースを重点的に充てることが適当と結論付けている。

本項では、これら遠距離見通し外運用型無人機および戦闘型無人機に係る技術について、解説する。

2.2　遠距離見通し外運用型無人機技術類

遠距離見通し外運用型無人機は、機体が地上局の電波見通し範囲外に飛び去っても通信を衛星通信に切り替えることにより、空地間の連絡を保ちつつ運用の継続が可能な航空無人機である。近年の衛星通信技術の発達もあり、地球の反対側のような遠隔地からでも動画等の大量の情報をわずかな時間差で伝送できる等の利点から、特に情報収集、監視、偵察任務用に各国で種々の機種が開発・運用されている。長時間にわたり、あるいは広域において任務を実施できるよう多くの場合、機体は滞空性を重視した設計となっており、これらは飛行高度に応じてHALE（High Altitude, Long Endurance）ないしMALE（Medium Altitude, Long Endurance）と呼称される群を形成している。既知の機体の大部分は非ステルス機であるが、米空軍はステルス性を有するRQ-170 Sentinelの保有を明らかにしており、高脅威環境下での強行偵察等を意図しているとみられる。

防衛省ではこれまでに遠距離見通し外運用型無人機に必要な要素技術の研究を行ってきている。例えば、2003年度から2008年度に実施した滞空型無人機要素技術の研究[3-29]においては、高高度滞空のための高アスペクト比主翼の突風荷重低減技術について風洞試験を実施し（図3-17）、適切なエルロン操作により主翼突風荷重を低減する制御則の有効性を確認するとともに、既存のモーターグライダーに状況認知装置を搭載した実験機（図3-18）を用いた飛行試験により、自動衝突回避技術等を確認している（図3-19：実験機に搭載した状況認知装置により回避相手機を探知し、実験機は下方に回避、回避完了後は

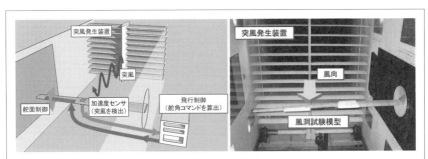

図3-17　風洞試験（突風荷重軽減技術）

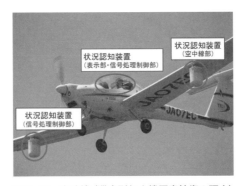

図3-18　実験機（滞空型無人機要素技術の研究）

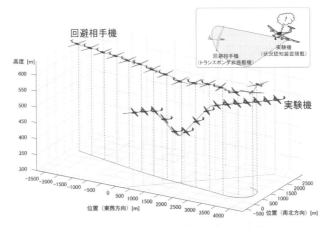

図3-19　飛行試験結果（自動衝突回避試験）

元の経路に復帰している）[3-30]。飛行試験ではパイロットが搭乗し、安全に留意しながら、これらの技術を確認しており、航空法上は動力滑空機として扱われている。

　その後2013年度から2019年度にかけて、航空機搭載型小型赤外線センサシステムインテグレーションの研究を実施し、衛星通信技術、自動経路生成技術等を確認した。この研究は航空機搭載の赤外線センサを用いた弾道ミサイル警戒監視システム（構想を図3-20に示す）の実現に必要なシステムインテグレーション技術の獲得を目的としたものであり、航空無人機はセンサプラットフォームとしてシステムの一部を構成する。

　研究の初期段階においてシステムの構想設計を実施し、実任務を実施可能な機体（以下「実用機」という）を含むシステム構成および、その機能・性能を設定するとともに、この研究で取組むべき技術課題を抽出した。航空無人機に関して抽出された技術課題は以下の2点である。

　①　任務中に遭遇する監視阻害要因の回避等を行う継続監視技術
　②　航空無人機の一般空域での運航に必要となる無人機運航関連技術

　構想設計の後、上記の技術課題の解明に必要な部分を実用システムから切り出し、本研究のアウトプットである試験用システムの設計・製造へと進んだ。試験用システムの構成は「実験機」、実験機に搭載し、弾道ミサイルの監視・

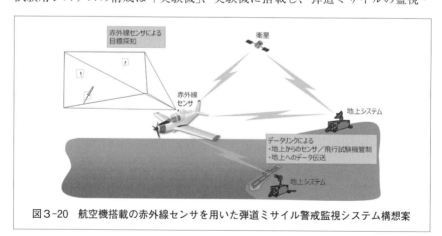

図3-20　航空機搭載の赤外線センサを用いた弾道ミサイル警戒監視システム構想案

探知を行う「赤外線センサ」、実験機および赤外線センサを地上から支援・操作する「地上システム」とした。実験機は実用機が具備すべき具体化された機能・性能を有しつつ、飛行試験に必要な機能を有する機体として既存の小型航空機を改修することとした。

航空無人機の任務飛行中、周囲の環境は時々刻々と変化するが、システムはそれらに対応し任務を継続できなければならない。赤外線センサによる警戒監視任務においては、雲、風向、風速等の外囲環境、衝突の危険のある他機の接近等、監視の阻害要因が多数想定されることから、これらについて総合的に評価しつつ、赤外線センサが継続的に目標を監視できる条件を維持できるよう自律的に飛行計画を設定する必要がある。

天気予報等で取得した雲や風の気象予測やNOTAM（Notice To Airmen）等で取得した他機情報の事前情報に加え、機体に搭載したセンサによる実況情報、空域制限等の既知情報を統合的に定量化することにより、監視に最適な位置（監視位置）を算出する。機体の現在位置から監視位置までの飛行経路を、監視対象を移動中も監視可能なように自動で生成する。気象情報等は時々刻々と変化するため、情報取得周期を考慮して適時監視位置を更新し、飛行経路を自動生成する〔**図3-21**：（右図）進出から帰投まで85時間のシミュレーション試験結果〕。

遠距離見通し外運用型無人機は任務遂行のため広範囲の一般空域での運航

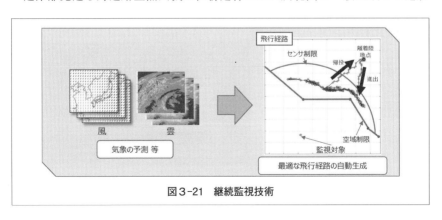

図3-21　継続監視技術

が必要になると想定される。この研究では、それに必要となる要素技術として先に述べた衛星通信技術に加え、滑走路監視技術、SBAS（Satellite-Based Augmentation System）適応技術等を検討した。

衛星通信については、通信量の制約や通信遅れが存在する状況において地上システムからの管制や航空無人機からの情報取得を円滑に行うシステムを構築する必要がある。この研究では機体や搭載センサの健全性把握のための情報、任務で取得した情報を暗号化したうえで通信する必要があり、衛星の回線容量を考慮して更新レート等を設定した。

飛行場で航空無人機を安全に運航するためには、パイロットの視覚情報に代わって航空無人機周辺の状況を把握する機能が求められる。この研究では、地上滑走に支障となる障害物を把握した後、機体の停止距離内で停止可能となるよう機体搭載用前方視カメラの要件を設定した。

自動離着陸のためには機体位置を精度よく計測する必要がある。この研究では、航空無人機の自己位置はGPS測位方式により取得しており、離着陸は地上システムの構成品であるGPS地上局を利用したDGPS（Differential GPS）測位方式を採用している。天候悪化等によりGPS地上局のない代替空港への着陸を余儀なくされた場合を想定してGPS地上局によらない自動着陸システムを構築する必要があり、SBAS方式を検討した。SBASとは、静止衛星から位置補正情報を受信することで、GPS衛星を使った測位の精度を高めるシステムで、測位精度がDGPS方式と同程度であり、地上に専用設備が不要である。

これら技術を技術課題解明のための試験用システムとしてまとめ上げ、既存小型航空機を改修した実験機（図3-22）を用いた実飛行環境下における試験を実施し（図3

図3-22　実験機（航空機搭載型小型赤外線センサシステムインテグレーションの研究）

-23)、その成立性を確認し
た。この飛行試験においても
前述の滞空型無人機要素技術
の研究と同様にパイロットが
搭乗しており、航空法上は有
人機として扱われている。

この研究では遠距離見通し
外運用型無人機の1形態であ

図3-23　飛行試験（北海道大樹町多目的航空公園）

る弾道ミサイル警戒監視用無人機に係る技術を獲得した。弾道ミサイル警戒監
視という特定のミッションのために作りこんだ部分もある一方、無人機運航関
連技術は航空無人機の基盤技術となる技術として戦闘型無人機にも必要な技術
であり、今後、わが国が航空無人機を開発する際に広く活用可能である。

2.3　戦闘型無人機技術

戦闘型無人機は、戦闘行動や任務支援を担う戦闘型の航空無人機である。戦
闘型無人機には、有人機による戦闘を支援するために高度な自律化が求められ
るとともに、各無人機が取るべき戦術を生成してパイロットやオペレータに伝
達することにより、任務遂行能力の向上やパイロット等のワークロードの低減
が期待される。このような戦闘型無人機を実現させるため、遠距離見通し外運
用型無人機技術で研究さ
れた技術に加えて、防衛
装備庁航空装備研究所で
は、戦術機動等を実現す
る技術を獲得するための
遠隔操作型支援機技術の
研究（**図3-24**）[3-31]、パ
イロット支援のため戦術

図3-24　遠隔操作型支援機技術の研究

行動判断に深層強化学習を適用した戦闘支援AIの構想研究およびパイロット
と戦闘型無人機が効果的に連携するためのVR/AR技術を活用した新たなイン
ターフェース技術に関するMixed Realityコックピットに関する検討を行って
いる。Mixed Realityコックピットに関する検討については前項の「UAVイン
ターフェース技術」で詳細を紹介しているため、本項では遠隔操作型支援機技
術の研究および戦闘支援AIの構想研究について紹介する。

　遠隔操作型支援機技術の研究では、状況を考慮した飛行経路生成と機体性能
を最大限に発揮する飛行制御により、戦術機動を可能とする戦術飛行制御技術
を実証するとともに、将来の航空無人機が有人機との協調行動をとる場合に有
人機のパイロットによる航空無人機の監視および指令のワークロードを極限す
る遠隔操作技術を検討する。

　実飛行環境下で評価できる小型実験機を試作し、戦術機動が可能となる飛行
制御アルゴリズムを搭載することによって、有人機と同等またはそれ以上の自
由度の高い敏捷性を有する飛行制御技術を確立し、有人機と支援機との連携が
可能となる飛行制御アルゴリズムに適合しワークロードに配慮した遠隔操作の
ヒューマン・マシン・インターフェースを検討する。

　戦闘支援AIの構想研究は、ネットワークを介した航空無人機や戦闘機間の
情報共有および連携を伴う空対空戦闘の能力を最大化し、将来の防空戦闘に対
処可能とするため、人工知能関連技術の適用により情報量の増大や戦術の多様
化への対応を可能とするパイロット支援システムの実現性について研究し、戦
闘機へのAI技術適用に係る技術的優越を獲得するとともに、将来における有
人／無人戦闘機等の空対空戦闘能力の向上を図ることを目的としている（図3
-25）。本研究は2018年度から始まり、初年度は空対空目視外戦闘を対象とし
たAI関連技術の適用により、有人戦闘機における意図推定および戦術行動判
断や航空無人機の自律性向上による操作支援を行うシステムの構成を検討する
ためのコンセプト検討を行った。2019年度には図3-26に示すように戦闘支援
AIを実現するシステム構成およびアルゴリズムに係る検討を行い、戦闘機の
行動判断モデルに強化学習を適用したシミュレーション環境を構築した。さら

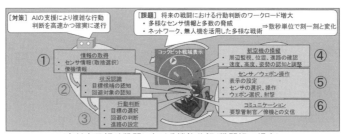

空対空目視外戦闘における機能分解（戦闘機の場合）

①：　　　各種センサの事業において取り組む機能（画像認識、信号処理等）
②，③：　戦闘支援AI（本研究）が取り扱う機能
④〜⑥：　戦闘機ではパイロットが実施

図3-25　戦闘支援AIの構想研究が取り扱う機能

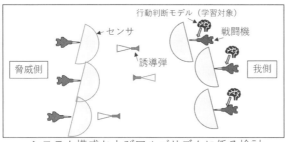

システム構成およびアルゴリズムに係る検討

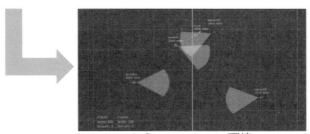

シミュレーション環境

図3-26　深層強化学習を適用したシミュレーション環境

に2020年度には、このシミュレーション環境を活用した機体性能諸元感度分析やパラメトリックスタディを実施し、性能諸元のパラメータを変化させながら

戦果へ与える影響や深層強化学習を行い、性能の低い航空機に適した行動判断モデルを構築するなど編隊内で協調する戦闘型無人機に必要となるAI技術を蓄積している。

　航空無人機は各国で盛んに研究開発・戦力化が行われており、防衛用途として不可欠な装備品となってきている。

　防衛省としては、世界的に技術競争の激しいこの分野において、これまでに蓄積した遠距離見通し外運用型無人機にかかる成果などを踏まえ、現在進められている遠隔操作型支援機技術の研究、戦闘支援AIの構想研究およびMixed Realityコックピットに関する研究などの、有人機と連携する戦闘型無人機の実現に向けた研究を積極的に進め、戦闘型無人機の早期実現を図っていく所存である。

第4章

誘導武器関連の先進技術

1. 高高度目標対処技術

1.1　高高度でのミサイル迎撃

　経空脅威を迎撃する地対空ミサイルや艦対空ミサイル（SAM：Surface/Ship to Air Missile）システムは、脅威と迎撃ミサイルの会合点を予測し、予測した会合点に迎撃ミサイルを誘導することで迎撃を行う。航空機などの回避機動をとれる脅威に対しては、迎撃ミサイルに脅威の回避機動を上回る高い運動性能（速度や旋回性能）をもたせることにより迎撃を可能としてきた。

　近年、各国は低空（高度約20km以下）領域において軌道を変更できる新型短距離弾道ミサイル（図4-1(a)）、高高度（高度約20km〜100km程度）領域において一定高度を保つように飛しょうする滑空軌道や複数回高度を上下させながら飛しょうするスキップ軌道をとりうる極超音速滑空ミサイル（HGV：Hypersonic Glide Vehicle）（図4-1(b)(c)）および極超音速で巡航飛しょう

(a)新型短距離弾道ミサイル(KN-23)(北朝鮮)　　(b)HGV(DF-17)(中)

(c)HGV(Avangard)(露)　　(d)HCM(Zircon)(露)

図4-1　新たな脅威のイメージ[4-1)]

する極超音速巡航ミサイル（HCM：Hypersonic Cruise Missile）（図4-1(d)）
といった新たな脅威の開発と配備を進めている。このような新たな脅威は、従
来の弾道ミサイルに比べ、低い高度で軌道を変更しながら飛しょうできるため、
従来のSAMシステムによる迎撃が困難である。

　本項においては、このような高高度を極超音速で飛しょうする新たな脅威を
高高度目標と呼び、高高度目標に対処する際の課題を整理し、これらの課題解
決に向けて防衛装備庁が検討を進めている高高度目標対処技術に関する研究等
について紹介する。

　構成は、以下のとおりである。1.2項では、SAMシステムの概要や迎撃ミ
サイルの基本構成について紹介する。1.3項では、高高度目標の特徴と対処
における課題について紹介する。1.4項では、高高度目標対処に必要な技術
を整理するため、迎撃高度がさまざまある弾道ミサイル防衛用の迎撃ミサイル
技術を紹介する。1.5項では、高高度目標対処において迎撃ミサイルに必要
な技術について紹介する。

1.2　SAMシステムの概要

（1）SAMシステムの基本構成と射撃の流れ

　SAMシステムは、戦闘機、爆撃機、攻撃ヘリ、巡航ミサイル、弾道ミサ
イルなど多様な脅威に対処する必要がある。これらの多様な脅威に対処する
SAMシステムに共通した基本的な動作としては、脅威を「観測する」、脅威の
動きを「予測する」、迎撃ミサイルを「発射する」ことがあげられる。

　これらの動作を実現するため、SAMシステムは、迎撃ミサイルを脅威まで
誘導するために必要となる脅威の位置や速度を取得する射撃管制レーダの他、
射撃管制レーダで取得した目標情報に基づき予想会合点の算出や射撃の指示等
を行う射撃統制装置、ならびに迎撃ミサイルを発射する発射機によって構成さ
れる。これらはSAMシステムにおける最小単位であることから射撃単位(FU：
Firing Unit）と呼ばれており、これらがSAMシステムの基本構成となる。

図4-2にFUにおける射撃の流れ（シーケンス）の例を示す。

この図は、SAMシステムがFU単体で①の捜索から⑮の効果判定までを行う際の基本的なシーケンスを示している。なお⑮において効果がないと判断された場合は③からの動作を繰り返すこととなる。

ここで特に重要となるのが⑤の「要撃計算」と⑩の「更新」である。⑤では射撃統制装置が射撃管制レーダからの情報をもとに脅威の軌道を予測し、迎撃ミサイルと脅威の会合位置を計算する。その位置は【予想会合点】と呼ばれ、

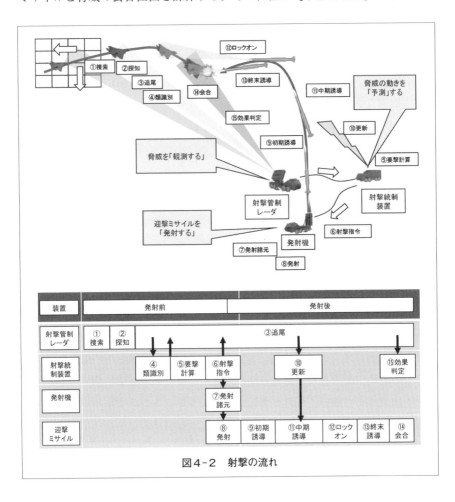

図4-2　射撃の流れ

迎撃ミサイルは予想会合点に向けて飛しょうする。射撃統制装置は、逐次更新される射撃管制レーダからの最新の脅威情報をもとに⑩の更新を行う。脅威が軌道変更した場合などにおいては、射撃統制装置が再計算した新たな予想会合点を迎撃ミサイルに送信することで、迎撃ミサイルは新たな予想会合点に向けて軌道を変更する。

迎撃ミサイルに着目すると⑧の「発射」後⑨の「初期誘導」で概ねの飛しょう方向と姿勢安定を行い⑪の「中期誘導」において予想会合点に向けて飛しょうする。脅威の軌道変更により予想会合点が「更新」されると、迎撃ミサイルは軌道変更を行うが、その軌道変更には速度低下が伴う。このため、大幅に予想会合点が変更されると迎撃ミサイルは予想会合点に到達できなくなる可能性が高くなる。

以上からSAMシステムによる経空脅威への対処能力は、射撃管制レーダによる経空脅威の正確な位置や速度の把握能力、射撃統制装置による予想会合点等の計算能力、迎撃ミサイルによる軌道変更能力に大きな影響を受けることが分かる。

（2）空力操舵を主とする迎撃ミサイルの基本構成

迎撃ミサイルの基本構成について紹介する。最も代表的となる大気圏内での運用を想定した空力操舵を主とする迎撃ミサイルの基本構成について**図4-3**

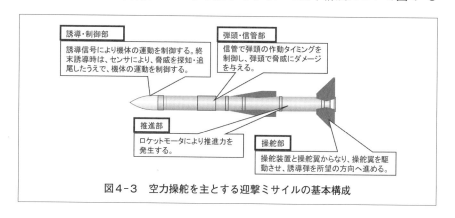

図4-3　空力操舵を主とする迎撃ミサイルの基本構成

に示す。

　大気密度の高い低空で運用される迎撃ミサイルは、航空機と同様に翼や胴体で発生する空気力を用いた空力操舵により機体を旋回させる。低空において航空機や亜音速の巡航ミサイル等の比較的低速な脅威を迎撃する場合、迎撃ミサイルは空力操舵のみでも航空機や巡航ミサイルの旋回に対応することが可能であった。しかし、大気密度の低い高高度において迎撃ミサイルよりも運動性能が高い脅威を迎撃する場合、迎撃ミサイルは空力操舵のみでは、十分な運動性能を確保できず、脅威の旋回に対応できない可能性がある。

1.3　高高度目標の対処に関する課題

　1.2(1)項で示したとおり、SAMシステムが脅威を迎撃するには、射撃管制レーダと射撃統制装置が、脅威の位置や速度をリアルタイムで認識する必要がある。しかしHGVやHCMといった高高度目標は、一般的な弾道ミサイルよりも大幅に低い高度を飛しょうするため、地上の警戒監視レーダ等で早期に探知することが困難である。

　図4-4は弾道ミサイル（ミニマムエナジー軌道）、終末誘導時に旋回する新型弾道ミサイル、HGV（滑空軌道、スキップ軌道）およびHCMの軌道と初探知の概念図である

　図4-4のとおり、通

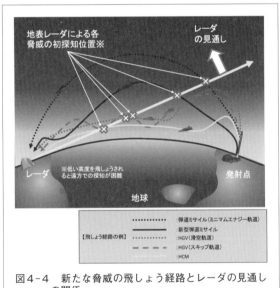

図4-4　新たな脅威の飛しょう経路とレーダの見通しの関係

常の弾道ミサイルであれば、弾道飛しょうを行うことから飛しょう高度が高くなり、長い探知距離を有する地上の警戒監視レーダによる探知が可能である。一方でHGVやHCMは、弾道ミサイルと比較すると低い高度を飛しょうする。地球が球形であることから、低い高度を飛しょうする脅威はレーダの見通し外となる領域を長く飛しょうするため、地上の警戒監視レーダ等で早期かつ継続的に探知することは困難である。

また従来の弾道ミサイルは、宇宙空間や空気の希薄な高高度を飛しょうするため、空力操舵による軌道変更が困難であることから、その軌道予測は比較的容易であった[vi]。このため、迎撃ミサイルには脅威との会合直前に自らの軌道を精密かつ迅速に修正する能力が求められたが、中期誘導中に大幅に軌道を変更する機能は求められていなかった。

一方HGVやHCMといった高高度目標は、従来の弾道ミサイルに比べ高高度領域において高い運動性能をもち、任意のタイミングで回避機動を取れる可能性があることから、従来のSAMミサイルではその動きに対応できず迎撃できない可能性が考えられる。

図4-5は、運動性能が高い脅威を迎撃することが従来脅威に比べ困難であることを示す概念図である。SAMシステムは、Ⅰで脅威の飛しょう経路をもとに予測経路を算出する。予測経路上に迎撃ミサイルにより会合可能な地点があれば、Ⅱでそれを予想会合点として設定し、迎撃ミサイルを発射する。しかしⅢのように迎撃ミサイルを発射した後に脅威が軌道変更した場合、SAMシステムは、新たな予測経路と予想会合点を算出する必要が生じる。仮にⅣＡのように迎撃ミサイルの運動性能が充分な場合、迎撃ミサイルは脅威に向けて軌道変更できるが、ⅣＢのようにその運動性能が不充分な場合、脅威の軌道変更に対応できず、迎撃に失敗する。

---

vi) 弾道ミサイルに、軌道変更のための推進装置などを搭載すれば、宇宙空間での軌道変更も可能である。一方、推進装置の重量は弾頭重量とトレードオフの関係にあるため、仮に軌道変更のための推進装置が搭載される場合でも、その能力は限定的と考えられる。

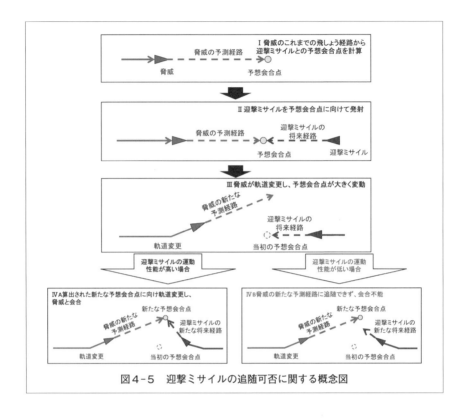

図4-5　迎撃ミサイルの追随可否に関する概念図

1.4　高高度目標の迎撃に必要な技術

　本項では、高高度目標対処に必要な技術を整理するため、弾道ミサイル防衛に用いられる迎撃ミサイル技術を紹介した後、高高度目標対処に必要な技術について紹介する。

　弾道ミサイルは、迎撃ミサイルよりも高速であるが、図4-4に示したとおり、比較的早期に探知可能であるとともに、その軌道予測が容易である。そこで、弾道ミサイルの迎撃にあたり重要な技術としては、終末誘導において迎撃ミサイルに搭載されるセンサで弾道ミサイルの位置を高精度に観測する技術、ならびに会合時に自らの軌道を精密かつ迅速に修正するための高応答で旋回する技

術である。

　宇宙空間において弾道ミサイルを迎撃する場合、迎撃ミサイルは空力操舵による旋回ができない。そのため、迎撃ミサイルには空気力に依らずに旋回する装置としてサイドスラスタを搭載する必要がある。他方、大気がないため、弾道ミサイルを探知するセンサを空力加熱や空力荷重から防護するための光波ドームやレドームは不要である。

　わが国が保有するSM-3は、宇宙空間においてキルビークルと呼ばれる迎撃体を弾道ミサイルに直撃させることで迎撃を行う。**図4-6**にキルビークルがサイドスラスタにより軌道を変更する際のイメージを示す。

　一方、低空で迎撃する場合、空力荷重や空力加熱が発生するため、迎撃ミサイルのセンサを保護する必要がある。また迎撃ミサイルには終末誘導において高い応答性が求められることからサイドスラスタ、またはロケットモータの推力方向を変える推力偏向装置（TVC：Thrust Vector Control）が搭載され、これらと操舵翼を併用する必要がある。

　わが国が保有するPAC-3は大気の低層において弾道ミサイルを迎撃するミサイルであり、操舵翼やサイドスラスタを併用することによる高い運動性能により、低空において弾道ミサイルを迎撃する。**図4-7**にPAC-3のイメージを示す。

　高高度で迎撃する場合、大気密度が低く空力操舵による旋回

図4-6　キルビークルのイメージ[4-2]

図4-7　PAC-3のイメージ[4-3]

表4-1　各迎撃高度における迎撃ミサイルに必要な技術

迎撃高度＼必要技術	空力操舵	サイドスラスタ、TVC装置等	センサ保護（光波ドーム・レドーム）
宇宙（高度約100km以上）	不要	必要	不要
高高度（高度約20〜100km）	必要[vii]	必要	必要
低空（高度約20km以下）	必要	任意[viii]	必要

力は限定的であることから、サイドスラスタやTVCを搭載する必要がある。一方、高高度であっても大気は存在するため、センサ類を大気との空力加熱や空力荷重から防護するとともに、空気抵抗による迎撃ミサイルの減速や姿勢維持性能への悪影響を低減させるためのレドームや光波ドームおよびドームカバーを搭載する必要がある。

　表4-1にここまでに紹介した宇宙空間、高高度、低空の各迎撃高度において迎撃ミサイルに必要な技術を整理する。このように高高度において運用される迎撃ミサイルは、宇宙や低空で使用される迎撃ミサイルに比べて多くの技術を適用する必要があり、その技術的難易度は高いと考えられる。

1.5　高高度目標対処技術

　前項で高高度目標対処における課題や必要な技術について紹介した。本項では、防衛装備庁航空装備研究所で検討している迎撃ミサイル技術について紹介する。まず1.3項および1.4項をふまえ高高度目標対処における課題についてあらためて図4-8に整理する。

　高高度目標対処を行う上での最初の課題は探知である。図4-4に示した通り、高高度目標はレーダの見通し外となる領域を長く飛しょうし、その探知が遅れることから、センサアセットの覆域確保が必要である（課題1）。また探

---

vii)　高高度においても、その低層においては空力操舵による旋回力が期待できるため。
viii)　弾道ミサイルに対処する場合は必要。ただし、空力操舵が活用できるため、サイドスラスタやTVCに要求される性能が低いことから技術的難易度は低い。

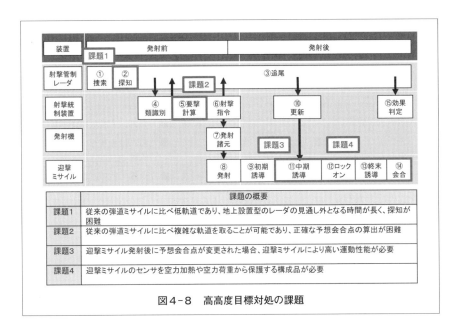

| | 発射前 | | | 発射後 | | | |

図4-8　高高度目標対処の課題

知後の要撃計算では、脅威の航跡を生成し軌道を予測する必要がある（課題2）。

　また高高度目標は、迎撃ミサイルよりも高い運動エネルギーと位置エネルギーをもつため、運動性能が高いことが想定される。さらに、高高度目標は任意のタイミングで軌道変更できると考えられることから、迎撃ミサイルには、高高度における従来以上の運動性能が必要となる（課題3）。加えて迎撃ミサイルは大気圏内での迎撃を行うことから、空力加熱や空力荷重から迎撃ミサイルに搭載されたセンサを保護する構成品が必要である（課題4）。

　航空装備研究所では、高高度目標を迎撃するためのシステムに関するさまざまな検討を行っており、迎撃ミサイルの能力向上に資する課題3および課題4への取り組みについて説明する。表4-2に迎撃ミサイルに必要な技術について航空装備研究所における検討を示す。次節以降、この表に示した「研究した技術」について紹介する。

表4-2　迎撃ミサイルに必要な技術についての航空装備研究所における検討

	課題への対応	対応に必要な技術	研究した技術の名称
課題3	高高度において、高い運動性能を確保する。	● 迎撃ミサイルの旋回力を向上させる技術	● 長秒時燃焼圧制御サイドスラスタ技術 ● 2パルスロケットモータ技術 ● ジェットタブ式TVC技術
		● 上記技術と空力操舵技術を複合制御する技術	● 高高度領域高応答誘導制御技術
課題4	センサを空力加熱や空力荷重から保護する。	● 空力加熱や空力荷重に耐えつつ、センサが目標を探知するために必要な光波を透過する材料の製造技術	● 光波ドーム技術
		● 初中期誘導時に、センサを空力加熱や空力荷重から遮蔽する技術	● ドームカバー技術

（1）長秒時燃焼圧制御サイドスラスタ技術

　高高度を飛しょうする迎撃ミサイルは、脅威に会合するまでの時間、姿勢制御を行う必要がある。大気圏内であれば空力操舵による姿勢制御が可能であるが、高高度では空力操舵の効きが不十分であり、それを補う姿勢制御のために長時間サイドスラスタを燃焼させる技術が必要となる。また終末誘導段階においては、脅威の旋回に対し、高応答に対応するために必要な大推力を確保する技術が必要である。

　長秒時燃焼圧制御サイドスラスタ技術は、燃焼室内の燃焼圧力を制御することで「長秒時」燃焼と「大推力」の要求を満足するための技術である。図4-9に、航空装備研究所が行った燃焼試験の様子を示す。

（2）2パルスロケットモータ技術

　脅威を迎撃する際には、脅威に会合する終末誘導時において、十分な運動エネルギーを確保しておく必要がある。従来のロケットモータでは、初期加速時にすべての推進薬を使い切る。そのため空気抵抗により運動エネルギーを失い、終末誘導時に脅威の軌道変更に対応できない場合がある。このため終末誘導中

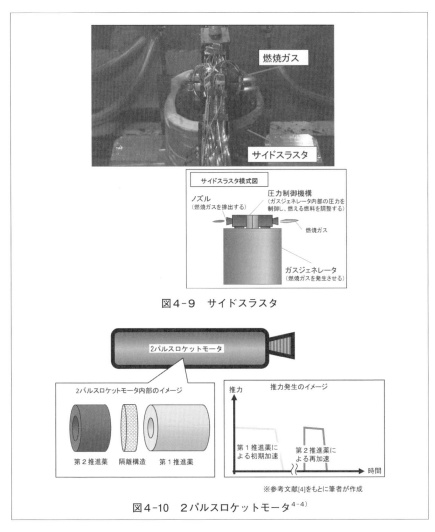

図4-9　サイドスラスタ

図4-10　2パルスロケットモータ[4-4]

に再加速するための技術が必要である。

　2パルスロケットモータ技術は、初期加速に用いる第1推進薬と終末誘導に用いる第2推進薬を燃焼室内で隔て、それぞれを必要なタイミングで点火することにより、迎撃ミサイルの終末誘導中に再加速を可能とする技術である（図4-10）。

（3）ジェットタブ式TVC技術

高高度での迎撃における終末誘導においては、脅威に直撃するため、迎撃ミサイルに高い応答性による旋回が要求される。そこで2パルスロケットモータによる再加速に合わせて、旋回するための技術が必要である。

ジェットタブ式TVC技術は、燃焼ガスの噴出方向にジェットタブ（偏向体）を挿入することにより、推力方向を偏向する技術である。**図4-11**に防衛装備庁航空装備研究所が行った燃焼試験の様子を示す。

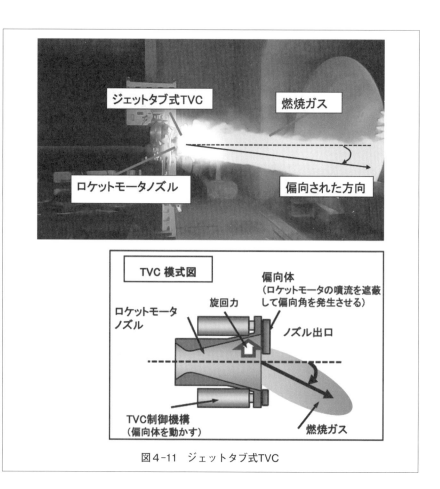

図4-11　ジェットタブ式TVC

（4）高高度領域高応答誘導制御技術

　高高度での運用を想定する迎撃ミサイルは、低空から高高度まで迎撃する能力が要求される。低空では大気密度が高いことからサイドスラスタによる旋回性能が低下するため、空力操舵に比重を置いた制御が必要である。一方で、高い高度においては空力操舵が十分に機能しないため、サイドスラスタおよびTVCに比重を置いた制御が必要である。

　高高度領域高応答誘導制御技術は、迎撃ミサイルの機体制御系にサイドスラスタおよびTVCを組み込み、空力操舵、サイドスラスタおよびTVCの三つを複合制御することで、低空から高高度までのすべての高度において高応答旋回を可能とする技術である（図4-12）。

（5）光波ドーム技術

　高高度目標は、大気中を極超音速で飛しょうするため、空力加熱により、高温となることで大きな赤外線放射が見込まれる。そこで、宇宙や高高度で迎撃

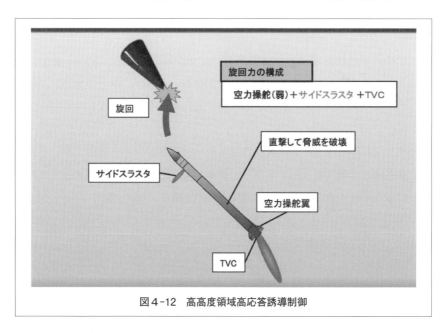

図4-12　高高度領域高応答誘導制御

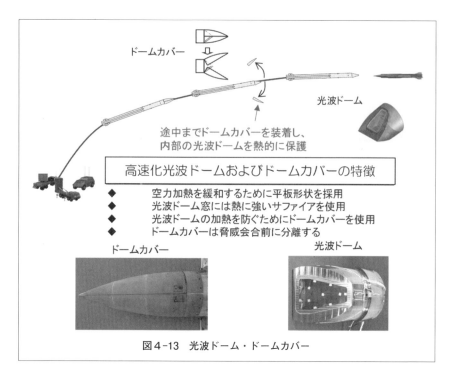

ドームカバー

光波ドーム

途中までドームカバーを装着し、
内部の光波ドームを熱的に保護

高速化光波ドームおよびドームカバーの特徴

◆　空力加熱を緩和するために平板形状を採用
◆　光波ドーム窓には熱に強いサファイアを使用
◆　光波ドームの加熱を防ぐためにドームカバーを使用
◆　ドームカバーは脅威会合前に分離する

ドームカバー　　　　　　　　　　光波ドーム

図4-13　光波ドーム・ドームカバー

するミサイルは終末誘導時には赤外線センサを用いて目標に向けた誘導を行
う。大気の存在する高高度で赤外線センサを用いる場合、空力加熱や空力荷重
から赤外線センサを保護しつつ、赤外線の透過性を有する光波ドーム技術が必
要である。

　光波ドーム技術はドームの耐熱性を高めつつ、空力加熱を緩和するドーム形
状や赤外線の透過性を確保するために耐圧・耐熱性に優れるサファイアの窓を
適用することによってセンサを保護する技術である（**図4-13**）。

（6）ドームカバー技術
　高高度に到達するまでの初・中期誘導の間、迎撃ミサイルは超音速で大気中
を飛しょうする。この際、迎撃ミサイルの先端部は長時間の空力加熱にさらさ
れることから、先端部のセンサ等を保護するとともに、適切なタイミングで分

離するドームカバー技術が必要である。

　ドームカバー技術は、脅威に対してロックオン可能となる距離に接近するまでは光波ドームおよびその内部の赤外線センサを保護し、ロックオン開始直前に迎撃ミサイルから分離する技術である（図4-13）。

（7）今後の予定

　航空装備研究所では、これまでに紹介した技術の研究成果を活用して、高高度目標を迎撃する場合において必要となる各種レーダ、衛星等のセンサアセット、通信ネットワークおよび迎撃ミサイルに求められる機能・性能を明らかにするため、高高度目標の探知から迎撃ミサイルによる迎撃までの全期にわたる迎撃シミュレーションを令和3年度に実施した。この迎撃シミュレーションにより、高高度迎撃に必要な各種装備品の機能・性能を明確化することができた。

　本項では、SAMシステムの概要をはじめとして、迎撃ミサイル技術を中心に紹介した。近年は、新たな脅威として高高度を極超音速で飛しょうする高高度目標が問題となっており、航空装備研究所では、高高度目標などに対処するための技術開発に取り組んでいる。しかしながら、新たな脅威の迎撃にはここで示した迎撃ミサイルだけでなく、センサアセット、通信ネットワーク、上位の指揮統制機能等の外部アセットと連携した統合運用が必要不可欠である。今後、そのようなさまざまな外部アセットとの連接を含めた統合運用について検討を深める必要がある。

2. 低コントラスト目標対処技術

　島嶼部に侵攻し停泊する敵艦船や道路上の敵車両等は、港湾や道路等の背景との温度差が小さいため、従来の赤外線シーカ（センサ）に用いてきた、背景との温度差が大きな目標を検出する画像処理アルゴリズムでは、それらの検出が困難となる。このため、航空装備研究所誘導技術研究部シーカ研究室では、背景との温度差が小さい「低コントラスト目標」の捜索識別を可能とする新しい画像処理アルゴリズムとその評価手法に関する「低コントラスト目標用画像誘導技術の研究」を実施している。本研究では、亜音速で低空を飛しょうする対艦誘導弾への適用を念頭に、機械学習等の手法により目標の赤外線画像を学習させた画像処理アルゴリズムを用いて、誘導弾が目標を検出・識別するための新しい技術の獲得に取り組んでおり、本項では、その成果の一部を紹介する。

2.1　赤外線画像誘導の概要

（1）赤外線シーカの役割
　誘導弾に搭載されるシーカには電波シーカと光波シーカがあり、ここで紹介する「低コントラスト目標用画像誘導技術の研究」は、光波シーカに適用する技術である。シーカに使用される光波としては赤外線が用いられることが一般的であるため、ここでは赤外線シーカの役割について述べる。
　赤外線シーカは、誘導弾の終末誘導において誘導弾が目標を捕捉可能な距離に到達した後、目標から反射または放射される赤外線をセンサによって検知して、その情報から目標を検出する。その後、目標の位置を推定し、常に目標を指向するようにシーカを制御する。
　大気透過率と赤外線等の波長の関係と赤外線の主要な性質を、**図4-14**に示す。
　図4-14のとおり、赤外線はおおむね0.8〜15.0μm帯の波長であり、近赤外線

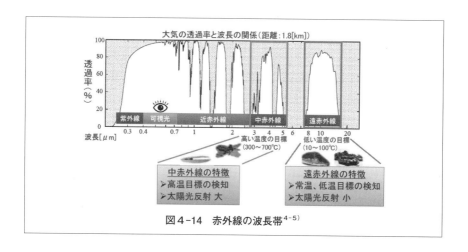

図4-14　赤外線の波長帯[4-5]

（1.0〜3.0μm）、中赤外線（3.0〜5.0μm）、遠赤外線（8.0〜14.0μm）に区分される[4-6]（文献により波長帯は若干異なる）。これらはいずれも紫外線や可視光より波長が長く、波長によって検知特性が異なる。中赤外線は高温目標の検知に優れ、水蒸気吸収に強いものの散乱減衰に弱い。遠赤外線は常温や低温目標の検知に優れ、散乱減衰に強いものの水蒸気吸収に弱い。それらの特徴を活用し、両波長のセンサで取得した画像の情報を組み合わせ、目標検知を容易にするための研究が実施されてきた[4-5]。

　これまで、日本を含む諸外国においては、近赤外線〜遠赤外線の波長帯から適切に赤外線の波長帯を選定して赤外線シーカを設計・製造し、それが搭載された誘導弾を開発してきた[4-6]。1950年代〜1960年代は近赤外線シーカを用いて航空機高温部である後方から攻撃する誘導弾が開発されていた。その後、中赤外線シーカによってジェット機の排気を検知して全周からの攻撃の実現、1980年代から現在にかけては遠赤外線シーカによって熱源を有する目標であれば検知できるようになったため、対艦、対地誘導弾にも赤外線シーカが用いられるようになってきた。例えば対空誘導弾の場合、目標は高速で移動中の航空機やミサイル等であり、背景は空や雲、目標の高度によっては山等の地表が含まれる。対艦誘導弾では、移動中または停泊中の艦船が目標であり、誘導弾の

表4-3　赤外線シーカを搭載した誘導弾の用途と例[4-7)]

用　　途	名　　　称
対弾道弾	SM-3
対航空機 対ミサイル	81式短距離地対空誘導弾（改）（SAM-1C）、91式携帯地対空誘導弾（B）(SAM-2B)、93式近距離地対空誘導弾(SAM-3)、RAM（RIM-116）、04式空対空誘導弾（AAM-5）
対艦船	マーベリック（AGM-65）、93式空対艦誘導弾（ASM-2）、93式空対艦誘導弾（B）（ASM-2B）
対戦車	01式軽対戦車誘導弾
対舟艇対戦車	96式多目的誘導弾システム（MPMS）、中距離多目的誘導弾

飛しょう経路によって海面や港湾などの地表が背景となる。対地誘導弾では、移動中または停止中の車両等が目標となり、背景は市街地や平地等の地表であることが想定される。以上のように、目標の温度や大きさ、背景から排除しなければいけないノイズの要因、誘導弾の大きさ等を考慮して赤外線の波長帯を選定し、必要に応じて組み合わせて使用することで、目標検知の性能を高めてきた。

　わが国に導入されてきた赤外線シーカを搭載した誘導弾の用途とその例を、**表4-3**に示す。

（2）画像誘導技術

　赤外線シーカの画像誘導とは、シーカ画像から画像処理アルゴリズムを用いて目標を抽出し、所望の目標に対して誘導弾を誘導する技術を指す。目標または目標周辺の地表等から放射もしくは反射された赤外線は、大気を伝播して誘導弾のシーカに到達し、撮像系を通してシーカ画像に変換される。シーカ画像を前処理した後に目標抽出識別処理および誘導処理を行い、誘導信号を算出して画像誘導を行う。以上のプロセスを、目標捜索を開始してからブラインドまでの間に高速で処理を行う。ここで述べる「前処理」とは、「目標抽出識別処理」においてはシーカ画像内のノイズの除去等の処理、「誘導処理」においては抽出識別した目標にシーカを指向するために、追尾する目標位置を決定する処理

を指す。

「低コントラスト目標用画像誘導技術の研究」は、目標抽出識別を行う画像処理についての課題に取り組むものであり、島嶼部に停泊する艦船および車両を背景から抽出するため、建物等の人工物を含む複雑な背景と海面などの単純背景の中に低温の目標が存在するシーカ画像を対象とするものである。

(3) 従来の画像処理アルゴリズム

「低コントラスト目標用画像誘導技術の研究」に取り組む以前の画像処理アルゴリズムを「従来の画像処理アルゴリズム」と呼び、ここではその概略を示す。

「従来の画像処理アルゴリズム」では、赤外線シーカで捉えた白黒のシーカ画像から目標を抽出するために、画像内の物体等の温度の高さや高温部分の面積を目標の特徴としていた。その目標抽出識別処理は、ある閾値での画像の二値化等の前処理をした後に、目標の特徴を有する部分を画像から抽出する手法で目標と背景を分離するものである。

このアルゴリズムの一つの長所は、閾値の設定や目標の特徴のパラメータを人が考案して与えているため、アルゴリズムが簡単であり、画像処理結果の解析が容易なことである。もう一つの長所は、一連の計算処理負荷が軽いため、従来の光波誘導弾に搭載できる計算機の性能の制約に対応したものであったことがあげられる。誘導信号発生までのプロセスは、誘導弾のシーカが機能してから目標に命中するまでの短時間で行われる必要があるため、高速もしくは簡易な計算処理が重要となる。計算機の性能が飛躍的に向上した現在においては、より計算負荷の高いアルゴリズムの搭載が可能となった。しかし、このアルゴリズムの短所としては、目標の大きさや背景との温度差の閾値、目標の特徴量のパラメータが与えられたものであるため、目標とする艦船や車両、それらが存在する場所等の変化に弱く、どのような状況にも対応可能とは限らないことがあげられる。

（4）諸外国の技術動向

赤外線シーカの役割で述べたとおり、赤外線シーカは対処目標や想定する状況等により、必要な機能・性能が異なるため、一概に比較することは難しく、公開されている情報も少ない。このため、ここでは、公知文献を基に赤外線シーカの研究開発状況を述べる。

近年米国では、2020年にBAE systemsがロッキードマーティン社から次世代型THAAD（Terminal high altitude area defense）[4-8]およびLRASM（Long range anti-ship missile）[4-9]の赤外線シーカの研究開発を受注したことが報道されている。またノルウェーで開発されたJSM（Joint Strike Missile）[4-10]は、自律性のターゲット認識機能を有することが報告されている。これらの最新の動向から、今後も赤外線シーカが搭載された光波誘導弾は各国で用いられることが見込まれるため、赤外線シーカに関する研究開発は継続して行われると考えられる。

本項で紹介する低コントラスト目標への対処技術は、複雑な背景下に埋もれて検出することが困難な目標に適用することができ、諸外国においても研究開発の実績が少ないことから、その研究の優位性は顕著である。

2.2　低コントラスト目標画像誘導技術の適用先

（1）研究の背景

平成30年に公開された防衛大綱において、相手の脅威圏外からの対処と高い残存性を有するスタンド・オフ防衛能力が求められている。スタンド・オフ防衛能力の中心は誘導武器および通信系からなる誘導武器システムであり、防衛装備庁の研究開発ビジョン[4-11]においては、低コントラスト目標を識別するための「赤外線画像照合誘導技術」を、スタンド・オフ防衛能力の実現に必要な主要構成技術の一つとしてあげている。

本研究を島嶼防衛に適用した場合のイメージを、**図4-15**に示す。沿岸部に停泊した艦船や車両等、また近年各国で研究が活発化している赤外線ステルス

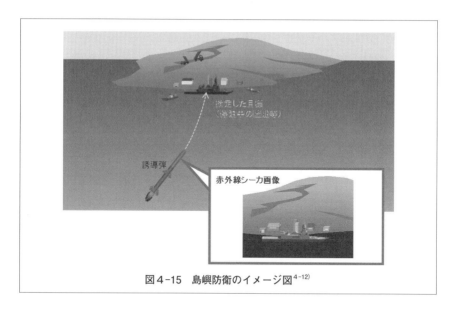

図4-15　島嶼防衛のイメージ図[4-12]

技術が適用された目標といった目標への対処するための誘導弾に搭載する技術としての研究を進めている。

（2）低コントラスト目標とは

　本研究の対象は、背景との温度差が小さく、従来の画像処理アルゴリズムでは抽出が困難な目標である。これを「低コントラスト目標」と呼び、ここでは本研究における定義を述べる。先述のとおり、従来の画像処理アルゴリズムでは、赤外線画像内の目標温度が背景温度よりも一定の差をもって高いものとして目標抽出処理を行う（画像処理においては温度の高さを輝度で表現するため、以降では温度が高いものを輝度が高い、温度の低いものを輝度が低いと表現して説明する）。

　島嶼部の目標の周囲には建物等の人工物が多く存在するため、目標の輝度が背景の輝度より必ずしも高くなるとは限らない。また海面や森林等の自然物と人工物の輝度にも輝度の高さに差が生じるため、高輝度背景と低輝度背景が目標周辺に存在することを想定すると、閾値の設定が困難である。

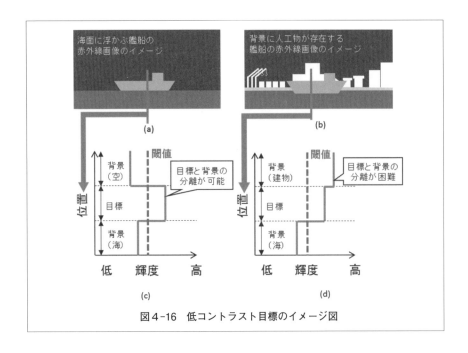

図4-16　低コントラスト目標のイメージ図

　図4-16に、艦船を例とした赤外線画像のイメージと、目標を含む周辺の輝度断面のイメージを示す。(a)は海面に浮かぶ艦船の赤外線画像、(b)は背景に人工物が存在する艦船の赤外線画像のイメージである。先述のとおり、温度が高いものは高輝度（明るい画素）、温度が低いものは低輝度（暗い画素）の画像となる。(c)および(d)は、それぞれの画像において目標と背景の輝度の高さを断面で示している。グラフの縦軸が(a)および(b)の画像の高さ方向の位置、グラフの横軸は輝度の高さを表している。(a)では艦船が海面に浮かんでおり、背景に空と海以外のものが存在しない。そのため、(c)に示すように背景（空）と背景（海）はどちらも目標より輝度が低く、目標と背景を分離するように閾値を設定して背景の輝度よりも高い領域を捜索する処理を行うことで、目標を検出することが可能である。一方で(b)では、目標の周辺背景に建物等の人工物が存在し、それらは艦船よりも輝度が高い。そのため、(d)に示すように背景には目標より輝度の高い部分と低い部分があり、どのように閾値を設定しても目標と背景を分

離することが困難である。このような目標と背景との関係により従来手法では抽出が困難な目標を「低コントラスト目標」と称し、本研究の対処目標と設定している。

（3）低コントラスト目標に対する捜索識別

本研究においては、低コントラスト目標を捜索識別するため、複数の画像処理アルゴリズムを用いて低コントラスト目標に対する捜索識別を行い、赤外線シーカへ適用した場合の性能を比較する。ここでいう「捜索識別」は、画像内の目標が存在する領域を出力する「物体検出」と、目標の分類結果を出力する「物体認識」の両方を意味する。「物体認識」は、画像処理では教師あり学習の多クラス識別と分類される課題を扱う。画像処理アルゴリズムには機械学習と深層学習を用いており、本研究では人が考案した特徴量を学習する手法を「機械学習」、特徴量そのものを学習の過程で獲得する手法を「深層学習」と区別して扱っている。

2.3　画像処理アルゴリズムの概要

本項では、本研究で扱う画像処理アルゴリズム「機械学習」および「深層学習」について、その特徴と課題の概要を述べる。どちらの概要についても赤外線シーカ画像等の画像処理への適用を念頭に置いた記述となっていることと、近年の発展が著しい分野であることから、それら自体の詳細については専門書や論文を参照されたい。

（1）機械学習
ア　特徴量の設定

先述のとおり、本研究で「機械学習」と呼ぶ手法は、赤外線画像から抽出する特徴量を人が考案して学習することで、低コントラスト目標の捜索識別を可能とする。赤外線画像から特徴量を抽出する目的は、膨大な情報をもつ画像か

ら画像解析に必要な特徴を選択し画像解析を容易にすることである。例えば、
1,200万画素を有しているスマートフォンなどで用いられるカメラ画像の場合、
この画像をそのままの大きさで処理すると、情報量が莫大となり、計算処理に
係る演算コストが大きくなる。こういった演算コストを削減する手段の一つが
特徴量の抽出であり、その一例として護衛艦の可視画像から目標の輪郭を抽出
した画像を**図4-17**に示す。

　図4-17(a)は元の可視画像、(b)は(a)をグレースケール化した画像、(c)は(b)に
微分フィルタを適用して画像内の物体の輪郭を抽出した画像である。輪郭は、
画像内の各画素について隣接する画素の輝度の差分を、微分フィルタを用いる
ことで抽出できる。図4-17では可視画像からの輪郭抽出を例として示してい
るが、赤外線画像であれば、図4-17(b)のような白黒画像から(c)のような輪郭
を抽出する画像の変換を行うこととなる。この特徴量の抽出方法では、白黒の
さまざまな輝度値で表現された元の画像から目標の輪郭の有無のみを特徴量と
して抽出し、扱う情報量を大幅に削減できる。また微分フィルタに所望の閾値
を設定することで、画像内の細かなノイズを除去することも可能となる。

　例にあげた輪郭以外にも、画像内から切り取った矩形内の輝度の面積の割
合[4-14]や、画像輪郭のうち角のみを抽出する等の種々の特徴量が既存の研究で
提案されており[4-15, 16]、特徴量によっては、目標や背景の位置や回転等の変化
を許容する効果も期待できる。一方で、目的とする画像の特徴や目的に応じて、
適切な特徴量を選択することが必要である。

(a) 護衛艦の可視画像　　　(b) 護衛艦の可視画像　　　(c) (b)の勾配を求めた画像
　　　　　　　　　　　　　　（グレースケール化）

図4-17　護衛艦の可視画像[4-13] を例に輪郭を抽出した例

イ　特徴量の学習

　機械学習では、選定した特徴量を入力とし所望の結果（本研究においては、画像内の目標領域と目標の分類結果）を出力とする関数のパラメータ調整を行うことを「学習」と呼ぶ。これまでに、学習を行う関数についても、目的や事前に入手できるデータに応じてさまざまな方法が提案されてきた。

　ここでは機械学習で用いる関数の一例として、ランダムフォレスト[4-17]の概要を述べる。ランダムフォレストは、「弱学習器」と呼ばれる複数種類の単純な関数を束ねて機械学習の関数を作り、出力値を算出する手法の一つである[4-18]。ランダムフォレストで用いる弱学習器は決定木と呼ばれており、複数の決定木の結果を統合して出力を決定する。図4-18に、三つの決定木から構成されるランダムフォレストによって、特徴量から目標種類を出力する例を示す。

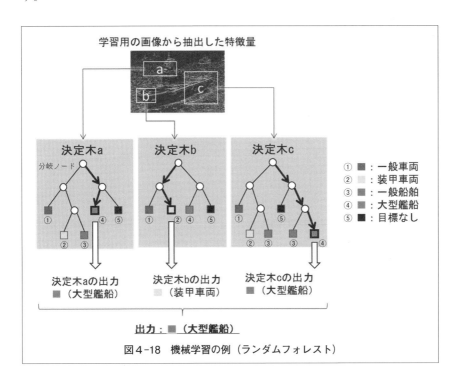

図4-18　機械学習の例（ランダムフォレスト）

　ランダムフォレストへの入力は、本研究では学習用の画像からランダム抽出した特徴量であり、図4-18では、学習用の画像から抽出したランダムな位置および大きさの特徴量を指す。ランダムフォレストの出力は各決定木の出力を用いて算出され、決定木の出力の多数決や、決定木の出力それぞれの重みづけ投票や重みづけ和を採用する場合もあり、目的に応じて適切に選定する。本研究では、目標領域や目標種別を得るための情報を出力とすることが目的となる。

　次に、入力から決定木の出力を決定する手順について述べる。決定木の数だけ抽出した特徴量を、それぞれの決定木への入力とする。図4-18では決定木a〜cの三つで構成されるため、特徴量を抽出する範囲は3種類となる。決定木は一つ以上の分岐ノードを有しており、各分岐ノードはそれぞれ特徴量と比較するための閾値をもつ。分岐ノードにおいては、入力された特徴量と分岐ノードの閾値を比較し、その大小の結果によって次の分岐ノード等を選択する。この操作を、決定木の末端に到達するまで繰り返し、末端が示す目標の種類を決定木の出力とする。

　ランダムフォレストでの「学習」におけるパラメータは、決定木で分岐を行うための閾値や、決定木の出力への重みづけを行う場合の重みである。学習においては、機械学習の出力と正解情報の差が小さくなるように、学習用の画像の数だけパラメータ調整を繰り返す。学習用の画像に対して目標領域や目標種別の適切な出力が一定以上の割合で達成できた段階で、学習が完了する。

ウ　機械学習の課題

　機械学習では人が与えた特徴量を学習するため、画像の特徴に応じて、特徴量と学習方法の適切な選定が必要である。また学習用の画像を準備する必要があり、手法によっては多数の画像を必要とすることから、捜索識別したい対象の画像が容易に入手できない場合の学習データをどのように準備するかが大きな課題となる。本研究では、十分な学習が可能な量の学習データの作成方法の確立についても技術課題の一つと捉え、検討を実施している。

（2）深層学習

(a) 画像の学習

　深層学習とは、事前に準備した多数の学習用データを学習させることで抽出する特徴量および学習させた関数を決定し、目標を捜索識別する方法である。深層学習は、その有効性が示された2012年を境に多くの手法が提案されて以降急速に多様な発展が進んでいる[4-19]。画像処理において特にその発展は顕著であり、画像内の物体の識別だけでなく、画像内にある物体の位置を矩形で出力する手法、画像をピクセル単位で識別を行う手法等、さまざまな取り組みが行われている。

　深層学習と機械学習との大きな違いは、人が与えた特徴量を画像から抽出して学習する代わりに、学習用の画像そのものを使用し、多層のニューラルネットワークによって特徴抽出を行う点である。また深層学習では学習によって作成する分別器が一つであるため、捜索識別したい目標の種類数に応じて学習には時間を要するものの、捜索識別処理の演算コストは抑制できるという特徴がある。

　深層学習の一例として、VGGNetの概要[4-18]を述べる（**図4-19**）。VGGNetは、入力した画像に対して畳み込み層と呼ばれる層とプーリング層と呼ばれる

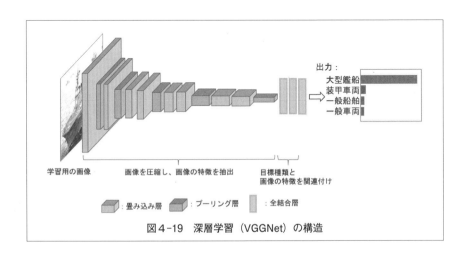

図4-19　深層学習（VGGNet）の構造

層によって画像の圧縮と「画像の特徴」の抽出を繰り返し行った後、全結合層によって画像の特徴から画像内の物体の位置とその種類を出力する、CNN（Convolution Neural Network）と呼ばれる深層学習のうちの簡素な構造のものである。ここでいう「画像の特徴」とは、画像内に存在する線の向きや位置等が例としてあげられ、その抽出に用いるフィルタは、学習によって獲得する。本研究では赤外線画像を対象としているため白黒画像から画像の特徴を抽出するが、RGB画像からの特徴抽出の場合は、色も特徴の一つとしてあげられる。全結合層は、抽出した特徴と目標種類の対応をつけるためのフィルタであり、これも学習によって獲得する。

深層学習で「学習」を行う際に調整するパラメータは、畳み込み層と全結合層の各層で入力に対する出力を算出する際の重みである。深層学習の出力と正解情報の差が小さくなるように、学習用の画像の数だけ各層のパラメータ調整を繰り返すことで学習を行う。機械学習と同様に、画像に対して適切な出力が一定以上の割合で達成できた段階で学習が完了となる。

学習の結果として、畳み込み層で得られたフィルタの例を示す。

図4-20はAlexNetと呼ばれる深層学習を例として、畳み込み層の96のフィルタが学習した結果を示したものである。ここでは先述のとおり、入力した画像に対してこのようなフィルタをかけることで、線や色の有無等の画像の特徴

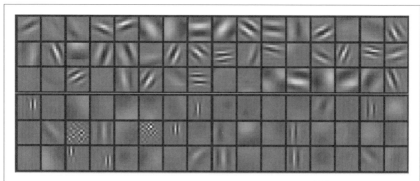

図4-20　畳み込み層のフィルタの例（AlexNet）[4-20)]

を抽出することができる。

(b) 深層学習の課題

　深層学習は、機械学習と同様に多数の学習用の画像が必要となるため、学習用の画像をいかに準備するかが課題となる。また機械学習では特徴量の計算方法を修正することで性能向上を図れるが、深層学習では学習用の画像そのものの見直しが必要となる。そのために必要となる画像処理結果の分析手法については、現在も研究が進められている[4-21]。

　本項では、シーカ研究室で実施している低コントラスト目標用画像誘導技術の研究について、その概要および研究に用いた手法の特徴と課題を紹介した。本事業では、令和3年度から令和4年度にかけて所内試験を実施して試作品の性能確認を実施した。

3. 中期誘導性能の向上に関する取り組み

これまで、経空脅威を迎撃する地対空ミサイルや艦対空ミサイル（SAM：Surface to Air Missile）システムに関連した高高度目標対処技術や、亜音速で低空を飛しょうする対艦誘導弾への適用を念頭とした、低コントラスト目標対処技術について述べてきた。

本項では、極超音速で飛しょうする新たな脅威に対処するための取り組みとして、特に射撃統制装置等に関連した中期誘導性能の向上に関する取り組みについて述べる。3.1項ではSAMシステムにおける中期誘導の位置付けについて述べる。3.2項では新たな脅威の特徴と中期誘導の課題を、3.3項では中期誘導性能の向上に向けた取り組みをそれぞれ紹介する。

3.1 中期誘導の位置付け

図4-21にSAMシステムの射撃の流れを示す。

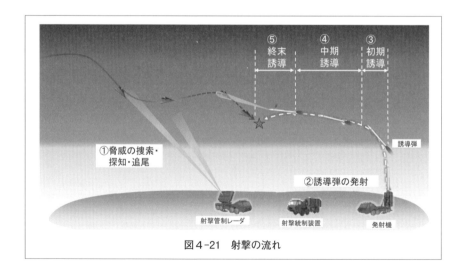

図4-21 射撃の流れ

（1）脅威の捜索・探知・追尾

脅威を迎撃するためには、まず飛来する経空脅威をレーダ等で探知する必要がある。全国各地に配備された警戒管制レーダや移動型の対空警戒用レーダに加え、対空誘導弾システムに含まれる射撃管制レーダや前方追随レーダ等を使用して、全周に加えて、山岳の影等の見通し外領域を含めて捜索し、低空や高速で飛来する脅威を探知する。探知後は、それぞれのレーダで目標情報の更新間隔を短くして射撃に備える。

（2）誘導弾の発射

各レーダで取得した脅威の現在位置と速度を射撃統制装置で収集し、将来の航跡を予測する。次に射撃統制装置では、航跡予測に基づいて脅威が防護対象に到達する時間等を分析し、射撃の順序や誘導弾の発射を行う発射機の割り当てなどを行う。そして適切なタイミングで射撃統制装置から誘導弾を発射する発射機に対して発射指令を送り、指令を受けた発射機は誘導弾を発射する。

（3）初期誘導

一般に全周交戦を行うSAMシステムでは、垂直か垂直に近い角度で誘導弾を発射するため、誘導弾は格納された発射筒から離脱したのちに、頭下げ方向に数秒間の旋回を行って、脅威に向けて飛しょうする。

（4）中期誘導

初期誘導の終了後に誘導弾は中期誘導に移行する。中期誘導では、射撃統制装置において脅威の航跡予測結果を基に予想会合点や誘導点を算出し、この情報を誘導弾にコマンドとして送信し、誘導弾は送信された予想会合点あるいは誘導点に向かって飛しょうする。その後、誘導弾に搭載されたセンサが脅威をロックオンできる距離に到達すると、誘導弾に搭載されたセンサは捜索を開始する。脅威を検出し、射撃統制装置で予測された脅威の位置や速度と整合性を確認し、ロックオンして終末誘導に移行する。

（5）終末誘導

　終末誘導では、誘導弾に搭載されたセンサで取得した脅威の位置や速度を基に、誘導弾が自律して脅威に向けて飛しょうし、会合する。

　中期誘導では、各レーダで取得した脅威の現在位置と速度を射撃統制装置で収集し、将来の経路を予測し、予想会合点や誘導点を算出する。ここで、予想会合点はその名称の通り、脅威と誘導弾が会合すると予測される点であり、誘導弾の飛しょう時間分、脅威が進んだ位置として算出される。誘導点は飛しょうさせたい誘導弾の経路に応じて設定される。誘導弾の飛しょう経路の一例を図4-22に示す。(a)は脅威をできる限り遠方で撃破するために飛しょう時間が最短となるように誘導弾を飛しょうさせる場合、(b)は脅威の回避行動を想定して、会合点到達時の誘導弾の速度をできるだけ残すように誘導弾を飛しょうさ

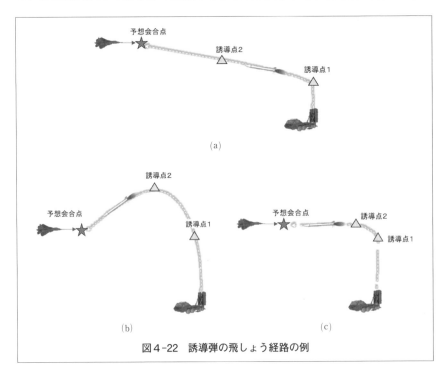

図4-22　誘導弾の飛しょう経路の例

せる場合、(c)は高精度で脅威に直撃させるために脅威の進行方向の正面に回り込むように誘導弾を飛しょうさせる場合の一例である。中期誘導では脅威や誘導弾の飛しょう性能に応じて、最も効果的な誘導弾の飛しょう経路となるように誘導点を設定することが重要となる。

　誘導弾に搭載されるセンサには高精度かつ小型、軽量化が要求される。誘導弾に搭載された小型センサでは遠距離から脅威をロックオンすることは困難である。このため特に射程の長い誘導弾では、飛しょう時間の大半を中期誘導が占めることとなる。この間、脅威が軌道変更した場合、SAMシステムは脅威の予測経路を更新して予想会合点や誘導点を算出し直し、更新後の予想会合点等を射撃統制装置から飛しょう中の誘導弾に送信して、誘導弾の飛しょう経路を変更することにより脅威の軌道変更に対応する。

3.2　新たな脅威の特徴と中期誘導の課題

　新たな経空脅威である極超音速滑空兵器（HGV：Hypersonic Glide Vehicle）や極超音速で巡航飛しょうする極超音速巡航ミサイル（HCM：Hypersonic Cruise Missile）の特徴と、これらの脅威に対処する際の中期誘導の課題について述べる。

　一つ目の特徴は速度である。HGVやHCMの速度は、マッハ5以上の極超音速で移動する[4-22]。このため、レーダで脅威を探知してからSAMシステムで迎撃を行う間に、脅威は長距離を移動することになり、これらの脅威を遠方で迎撃することが困難となる。

　二つ目の特徴は高度である。HGVやHCMは、弾道ミサイルよりも低高度を飛しょうする。この際、地球が湾曲している影響により、地上や艦載のレーダの見通し外となる領域を長く飛しょうすることになり、レーダでの初期探知が遅れて脅威を遠方で迎撃することが困難となる。

　三つ目の特徴は軌道である。HGVやHCMは弾道ミサイルと異なり、滑空軌道や上昇・下降を繰り返しながら飛しょうするスキップ軌道、左右方向への旋

回や高角度でのダイブ飛しょう等の複雑な軌道をとる。この場合、脅威の航跡予測が困難となり、予想会合点を正しく算出することが困難となる。複雑な軌道の脅威に対する中期誘導の課題として、スキップ軌道するHGVに対して航跡予測を誤り、迎撃に失敗する場合の流れを概念図として**図4-23**に示す。

①当初は、HGVは下方に向けてダイブしているが、途中から機体を引き起こして、上方に軌道を変更

②HGVが上方に軌道変更したのに対して、ダイブが継続しているものと誤り、HGVの航跡を誤って予測

③誤って予測したHGVの航跡に基づき、高度の低い位置に予想会合点を算出

④迎撃用の誘導弾は、高度の低い位置に誤って算出された予想会合点に向けて飛しょう

⑤時間経過後に正しい位置に予想会合点を算出

⑥正しく算出された予想会合点に向けて誘導弾は経路変更するが、HGVの運動に追いつけずに迎撃に失敗

このように脅威が複雑な軌道をとる場合、脅威の航跡予測が困難となり、迎撃が困難となる。

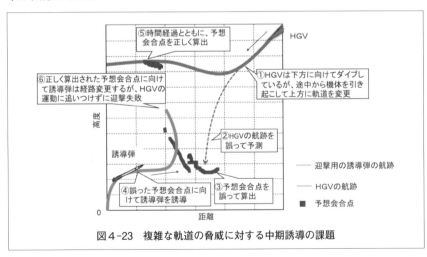

図4-23　複雑な軌道の脅威に対する中期誘導の課題

3.3 中期誘導性能の向上に関する取り組み

(1) レーダの能力向上

　HGV、HCM等の高速脅威に対して、遠方から脅威を探知・追尾するためには、レーダの能力向上が必要となる。また、それは従来脅威のステルス化にも対応できることになる。防衛装備庁航空装備研究所で取り組んでいる「将来射撃管制技術の研究」の概要を**図4-24**に示す。

　将来射撃管制技術の研究では、脅威の特性（目標のレーダ反射断面積や速度等）に応じて射撃管制レーダのレーダリソース（照射ビームの数や照射間隔）を最適化するリソース制御に関する研究を実施している。

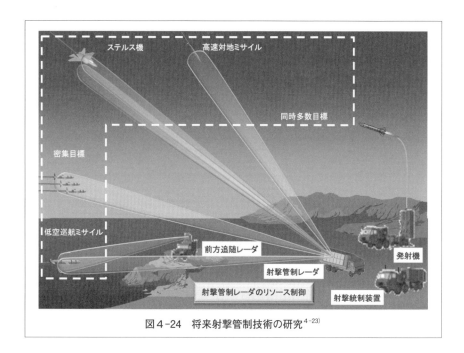

図4-24　将来射撃管制技術の研究[4-23)]

（2）複数レーダの活用

　脅威の航跡を正確に生成するための技術としては、複数レーダを活用した探知・追尾システムがあげられる。これは、分散配置された複数のレーダで取得した目標情報を統合して、航跡を生成するものである。単一のレーダと比較してより大きな覆域をカバーできることに加えて、単一のレーダよりも多くの観測値を使用して現在の脅威の位置や速度を推定することができるため、より精度よく脅威の位置や速度を推定可能となる。ここで使用するレーダは射撃管制レーダに限らず、警戒レーダ等の活用も想定される。これらのレーダは、それぞれ精度、追尾時間間隔および設置位置が異なる。このため、各レーダで取得した目標情報を統合して航跡を生成するにあたっては、観測値を既存の航跡に関連付ける相関処理が重要になる。

　さらに、複数のレーダで取得した目標情報を統合して生成した航跡を使用して、SAMシステムにおいて予想会合点等を算出して誘導弾の誘導を行うこ

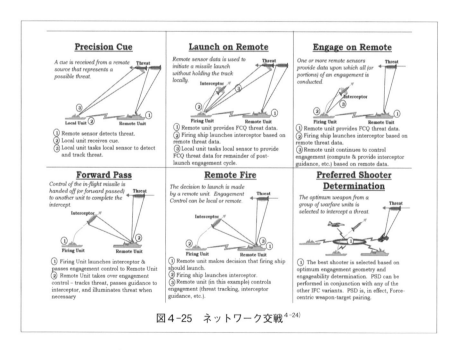

図4-25　ネットワーク交戦[4-24]

とにより、**図4-25**に示すような「Engage on Remote」「Launch on Remote」「Forward Pass」といったネットワーク交戦が可能となる。

（3）航跡予測の改善

　脅威の航跡予測については、追尾レーダで使用されている追尾フィルタと同様の処理で航跡予測を行っている。追尾レーダで使用される追尾フィルタの概念図を**図4-26**に示す。追尾レーダでは、観測雑音（観測誤差）を含むレーダの観測値から、観測雑音を抑圧しながら、目標の位置・速度などの真値を推定する。追尾レーダではこの推定値のことを平滑値と呼んでいる。さらに平滑値を基に、次サンプリング時刻における目標位置等の予測値を算出する[4-25, 26]。

　一般に、追尾レーダでは数100ms～数s間隔で目標情報が更新されるため、数100ms～数s後の目標位置を予測することになる。これに対して射撃統制装置で行う予想会合点等を算出するための航跡予測では、誘導弾の射程にもよるが、数百秒程度先の脅威の位置を予測することが必要となる。つまり観測値の更新時間間隔に対して、数百サンプル以上先の時刻における目標位置等の予測値を算出する必要がある。

　予想会合点等を算出するための航跡予測で使用される追尾フィルタとしては、カルマンフィルタが一般的である。カルマンフィルタでは、目標の運動モデルやレーダの観測モデルを前提として、レーダの観測値から目標の位置・速度などの真値を推定している。また目標の運動モデルについては、等速直線運動モデルや等加速度運動モデル等のさまざまな運動モデルが提案されてい

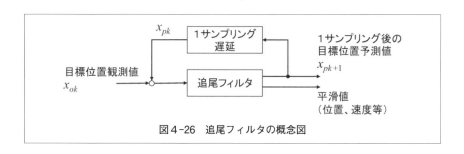

図4-26　追尾フィルタの概念図

る[4-27]。

　一般にカルマンフィルタで使用される運動モデルと、実際の目標の運動に差異がある場合、観測値から目標の位置・速度などを推定する際に誤差が生じる。空対地誘導弾、戦闘爆撃機等の種々の脅威の正確な運動モデルを個別に用意することは困難であることから、カルマンフィルタで使用される運動モデルを多重化することで対応している[4-28]。

　図4-27に多重化した運動モデルを使用した航跡予測の概要を示す。レーダの観測値に対して、複数の異なる運動モデルそれぞれで脅威の位置・速度などを推定して航跡を予測する。次に各運動モデルにおける予測結果を加重平均し統合する。統合化のための重み付けは各運動モデルの信頼度から計算される。この際、各運動モデルの信頼度は観測値が入力されるごとに逐次更新され、実際の目標の運動に応じた信頼度に収束する。通常、信頼度が収束するには数サンプル程度の観測値が必要となる。また使用する運動モデルについては、例えば、空対地誘導弾や戦闘爆撃機のように上昇、ダイブ、旋回や加・減速を行う脅威については、等速直線運動の運動モデルの他、加速度の方向や最大加速度が異なる運動モデルを複数用意することになる。

　さらにHGVやHCMのような、より複雑な運動を行う脅威に対応するために

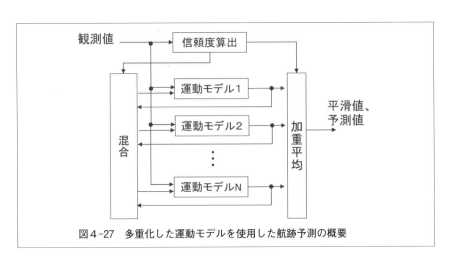

図4-27　多重化した運動モデルを使用した航跡予測の概要

は、滑空モデルや波状蛇行モデル等の運動モデルを有したカルマンフィルタを追加する必要がある。この際、滑空モデルでは空力性能の異なる多数の運動モデルを構築する必要があり、波状蛇行モデルでは蛇行周期、旋回加速度等の異なる運動モデルを構築する必要がある。

このように多重化した運動モデルを使用した航跡予測では、より複雑な運動を行う脅威に対応するためにさまざまな脅威を想定した運動モデルを用意することが必要になる。しかし、使用する運動モデル数の増加に伴って、処理負荷やメモリ領域の増大を引き起こし、リアルタイム性が失われる。加えて、各運動モデルの信頼度等の計算は、各モデルの処理が完了してから実施する必要があるため、処理の並列化や分散化にも限界がある。また各運動モデルの信頼度が適切に収束しない恐れも生じる。

この問題を解決すべく、防衛装備庁航空装備研究所では「航跡予測技術の研究」として"可変構造型運動モデルによる航跡予測"に取り組んでいる。図4-28に可変構造型運動モデルによる航跡予測の概要を示す。可変構造型運動モデルによる航跡予測では、まず空対地ミサイル、戦闘爆撃機、巡航ミサイル、

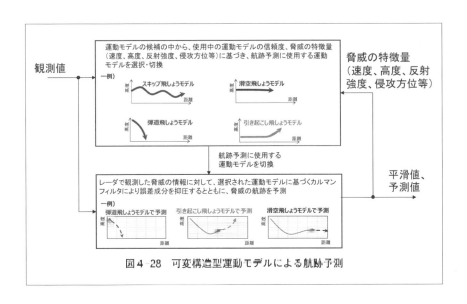

図4-28　可変構造型運動モデルによる航跡予測

弾道ミサイル、HGV、HCM等の想定される脅威に適合した運動モデルをあらかじめ用意し、入力された観測値に応じて航跡予測に使用する運動モデルの選択・切換を行う。運動モデルの選択・切換については、観測値が入力された時点で使用されている運動モデルの信頼度に加えて、脅威の特徴量（速度、高度、反射強度、侵攻方位等）を基に脅威の運動状態を推定し、適応性のある運動モデルを選択し切換を行う。この方法により、計算機負荷をある程度抑制しながら各脅威の航跡を精度良く予測することが期待できる。

ここまで、極超音速で飛しょうする新たな脅威に対処するための中期誘導性能の向上に関する取り組みとして、可変構造型運動モデルによる航跡予測等について述べた。

2019年8月に防衛装備庁から出された研究開発ビジョン「宇宙を含む広域常続型警戒監視の取組」[4-29] では「センサーの高機能化、搭載性向上等の取組により、監視領域の拡大や搭載プラットホームの多様化を通じ、先進的な分散探知を実現」と述べられており、今後、高速かつ高機動の新型脅威などをより遠方で対処するためには、このような多種多様なセンサ情報をSAMシステムで活用することも重要になると思われる。

＜参考文献＞

1 - 1 ）https://lh3.googleusercontent.com/-UFia95xZ20M/VsgI2aPpRBI/
AAAAAAAAHOk/YRYuEipmOvs/s1600-h/Untitled-18.jpg

1 - 2 ）https://www.ausairpower.net/Falcon-Evolution.html

1 - 3 ）https://www.avgeekery.com/the-six-convairs-f-106-delta-dart-was-the-ultimate-
interceptor/

1 - 4 ）饗庭昌行、"防衛技術基礎講座　第 1 講「航空機システム技術」"、防衛技術ジャーナル、
2014年 9 月.

1 - 5 ）ウェポンリリース・ステルス化の研究（防衛装備庁HP）, https://www.mod.go.jp/
atla/kousouken.html

1 - 6 ）https://media.defense.gov/2016/Apr/25/2001523380/-1/-1/0/150904-F-XT249-988.
JPG

1 - 7 ）https://media.defense.gov/2018/May/11/2001915826/-1/-1/0/180504-Z-NI803-920.
JPG

1 - 8 ）https://media.defense.gov/2014/Sep/25/2000945121/-1/-1/0/130913-F-EI321-570.JPG

1 - 9 ）"New Pictures Of The F-35 With Its Weapons Bay Doors Wide Open", Business
Insider, Mar 17, 2012, https://www.businessinsider.com/new-pictures-of-the-f-35-with-
its-weapons-bay-doors-wide-open-2012-03

1 -10）Sukhoi Official Website, https://www.sukhoi.org/products/samolety/410/

1 -11）Wikipedia（Su-57）, https://en.wikipedia.org/wiki/Su-57_
(%E8%88%AA%E7%A9%BA%E6%A9%9F)#/media/File:Sukhoi_T-50_Pichugin.jpg

1 -12）Wikipedia（J-20）, https://en.wikipedia.org/wiki/J-20_
(%E6%88%A6%E9%97%98%E6%A9%9F)#/media/File:J-20_at_Airshow_China_2016.
jpg

1 -13）Wikipedia（J-20）, https://en.wikipedia.org/wiki/Chengdu_J-20#/media/File:J-20_
fighter_(44040541250)_(cropped).jpg

1 -14）L3Harris Release Systems Product Catalog, http://www.harris.com/sites/default/
files/documents/solutions_grouling/l3harris-release-systems-product-catalog-sas.pdf

1 -15）https://www.mycity-miitary.com/slika.php?slika=139754_189912987_UVKU-
50L%201.jpg

1 -16）Douglas M. Hayward, Andrew K. Duff, Charles Wagner, "F-35 Weapons Design
Integration", AIAA 2018-3370.

1 -17）High Pressure Pure Air Generators（HiPPAG™）, https://www.ultra-pcs.com/air/
pneumatic-solutions/high-pressure-compressor-for-store-ejection/

1 -18）unified intra-phase catapult device and its power drive, http://www.freepatent.ru/
patents/2381146

1 -19）A. Cenko, R. Deslandes, M. Dillenius, M. Stanek, "Unsteady Weapons bay
Aerodynamics – Urban Legend or Flight Clearance Nightmare", AIAA 2008-0198.

1 -20）David Roberts, "Analysis and Control of Resonant Cavity Flows", Doctoral thesis in

Cranfield University, 2013.

1-21） K. Scott Keen, Charles H. Morgret, T. Frank Langham and William B. Baker, Jr, "Trajectory Simulations Should Match Flight Tests and Other Lessons Learned in 30 Years of Store-Separation Analysis", AIAA 2009-099.

1-22） 千歳試験場（防衛装備庁HP）, https://www.mod.go.jp/atla/chitose.html

1-23） Andrew Metrick, "Stealth 101", Aerospace Security, CSIS website, https:// aerospace.csis.org/aerospace101/stelath-101/

1-24） Presidential Budget 2017 Air Force "Program Element: PE0207590F/Seek Eagle", https://www. globalsecurity. org/military/library/budget/fy2017/usaf-peds/ U_0207590F_7_PB_2017.pdf

1-25） 景山、荒田、横山、小祝、吉田、吉田、星、XF-2の一体成形複合材料主翼構造の開発　日本複合材料学会誌、第28巻第2号、2002.

1-26） 月ヶ瀬、西山、田中、村木、三宅、伊藤、横山、主翼取付金具の設計・成形加工、日本航空宇宙学会誌、第55巻第637号、2007.

1-27） 縄田、川野、伊藤、酒井、伊藤、指熊、三宅、伊藤、横山、胴体翼胴取付金具の設計・成形加工、日本航空宇宙学会誌、第55巻第639号、2007.

1-28） 小林、戸塚、真杉、奥村、田中、丸山、中島、滝沢、大出、三宅、伊藤、横山、水平尾翼取付金具の設計・成形加工、日本航空宇宙学会誌、第55巻第639号、2007.

1-29） 小林、三宅、安原、横山、三次元複合材料構造の強度評価、日本航空宇宙学会誌、第55巻第640号、2007.

1-30） T. Iguchi, T. Hayashi, Y Kanno, A. Yokoyama, M. Ito, Drop tests of Helicopter Sub-components with Composite Absorbers, Heli Japan, 2010.

1-31） 林、小竹、横山、田村、樋口、丸山、複合材料製衝撃吸収構造を有するヘリコプターキャビンの落下試験、飛行機シンポジウム、2014.

1-32） https://www.mod.go.jp/atla/kousouken.html

1-33） J. D. Russell, Composites Affordability Initiative: Successes, Failures-Where Do We go From Here?, SAMPE Journal, Volume43, No.2 March/April, 2007.

1-34） https://project.nlr.nl/bopacs/

1-35） https://www.icas.org/media/pdf/ICAS%20Congress%20General%20 Lectures/2016/2016%20Composite%20Aircraft%20Fualdes.pdf

1-36） E. F. Bruhn, Analysis and design of flight vehicle structures, Tri-state Offset Company, 1965.

1-37） Michael C. Y. Niu, Airframe Stress Analysis and Sizing, Hong Kong Conmilit Press Limited, 1997.

1-38） 岡、村木、高精度FEMモデルを適用した航空機構造解析作業の自動化、三菱重工技報 Vol.56 No.1, 2019.

2-1） 檀原伸補、"飛行実証用アフタバーナ付ターボファンエンジン（XF5）の概要"、ガスタービンセミナー（第36回）資料集、日本ガスタービン学会、平成20年1月24-25日、pp.51-58.

2-2） 森重樹、古川徹、栗城康弘、"先進技術実証機の概要"、第56回飛行機シンポジウム（山形市）、日本航空宇宙学会、日本航空技術協会、平成30年11月14-16日.

2-3） 及部朋紀、"先進技術実証機搭載エンジン（XF5-1）の概要"、第56回飛行機シンポジウム（山形市）、日本航空宇宙学会、日本航空技術協会、平成30年11月14-16日.

2-4） 防衛省ホームページ：将来の戦闘機に関する研究開発ビジョン、https://www.mod.go.jp/atla/soubiseisaku/vision/future_vision_fighter.pdf、2020.10.30アクセス

2-5） 枝廣美佳、"戦闘機用エンジン（XF9）の研究進捗状況について"、防衛装備庁技術シンポジウム2018、平成30年11月13-14日.

2-6） 平野篤、山根喜三郎、及部朋紀、"将来の戦闘機用エンジンに向けた取り組みについて"、ガスタービンセミナー（第47回）資料集、日本ガスタービン学会、平成31年1月24-25日、pp.53-60.

2-7） 枝廣美佳、"戦闘機用エンジン（XF9）の研究進捗状況について"、防衛技術ジャーナル、防衛技術協会、2019.10、pp.18-25.

2-8） 木村建彦、及部朋紀、"戦闘機用エンジンの設計"、第59回航空原動機・宇宙推進講演会（岐阜市）、2019.3.6-8.

2-9） 経済産業省ホームページ：第1回航空機関連プロジェクト(2)事後評価検討会「資料6-3　航空機用先進システム基盤技術開発（革新的防氷技術）の評価用資料、https://www.meti.go.jp/policy/tech_evaluation/c00/C0000000H27/151116_kouku1/kouku1_siryou6_3.pdf、2020.10.30アクセス

2-10） 坂本貴眞、高村倫太郎、及部朋紀、高原雄児、"戦闘機用エンジン要素（コアエンジン）の性能確認試験"、第46回日本ガスタービン学会定期講演会（鹿児島市）、2018.10.10-11.

2-11） Rolls-Royce plc監修、公益社団法人日本航空技術協会訳"The Jet Engine（日本語版）5th Edition".

2-12） 秋津満、"高バイパス比ターボファンエンジンについて"、日本ガスタービン学会誌 Vol.40、No.3、2012.5.

2-13） 井上寛之、及部朋紀、永井正夫、"将来戦闘機に向けたエンジンに係る技術基盤と今後の展望"、日本ガスタービン学会誌、Vol.43、No.3、2015.5.

2-14） 枝廣美佳、"戦闘機用エンジン（XF9）の研究進捗状況について"、2018防衛技術シンポジウム発表.

2-15） 佐藤彰洋、松永康夫、吉澤廣喜、高橋耕雲、森信義、"航空ジェットエンジン用熱遮へいコーティングシステムの現状"、石川島播磨技報 Vol.47 No.1（2007-3）.

2-16） 丸山公一、中島英治、"高温強度の材料科学"、内田老鶴圃、1997.4.15.

2-17） 宇多田悟志、原田広史、川岸京子、鈴木進補、"タービン翼用超合金の進化とリサイクル技術開発" 日本ガスタービン学会誌、Vol.45 No.6、2017.11.

2-18） 超耐熱合金のジェットエンジンへの応用〜超合金の構造制御による耐熱性向上で燃費低減〜、https://www.nanonet.go.jp/magazine/feature/10-9-innovation/28.html

2-19） Beyond Nickel-Based Superalloys Ⅲ、https://web.apollon.nta.co.jp/bnbs2019/index.html

2-20） ㈱IHI、シキボウ㈱、"CMCタービン翼の開発"、NEDO省エネルギー技術フォーラム

2016、国立研究開発法人新エネルギー・産業技術総合開発機構、2016.10.

2-21) 耐環境性セラミックスコーティングの開発、https://www.jst.go.jp/sip/k03/sm4i/dl/pamph_c_j.pdf

2-22) GE社ホームページ、https://www.ge.com/news/reports/space-age-cmcs-aviations-new-cup-of-tea

2-23) 日本カーボン株式会社ホームページ 炭化ケイ素連続繊維、https://www.carbon.co.jp/products/silicon_carbide/

2-24) 国立研究開発法人科学技術振興機構ホームページ 戦略的イノベーション創造プログラム（SIP）革新的構造材料、セラミックス基複合材料、https://www.jst.go.jp/sip/k03/sm4i/project/project-c.html#C41-C43_01

2-25) 吉見享祐、関戸信彰、井田駿太郎、"Mo-Si基金属間化合物からMoSiBTiC合金への展開"、まてりあ、日本金属学会、第58巻第7号、2019.7.

2-26) 吉見享祐、"一段上の技術革新を目指した超耐熱モリブデン合金"、先端的低炭素化技術開発（ALCA）新技術説明会、国立研究開発法人科学技術振興機構、2018.1.

2-27) 高橋聡"無冷却タービンを成立させる革新的材料技術に関する研究"、安全保障技術推進制度 平成29年度採択大規模研究課題 中間評価結果、2019.12.

2-28) 京都大学大学院工学研究科材料工学専攻結晶物性工学分野HP、https://imc.mtl.kyoto-u.ac.jp/HEA.html

2-29) Y. Zhang, T. T. Zuo, Z. Tang, M. C. Gao, K. A. Dahmen, P. K. Liaw, Z. P. Lu."Microstructure and properties of high entropy alloys", Progress in Materials Science 61, 2019.

2-30) 清水透、中野禅、萩原正、佐藤直子、"金属三次元積層造形法の最新動向"、精密工学会誌、Vol.80. No.12、2014.

2-31) https://www.pressreleasefinder.com/prdocs/2019/GE_Additive_Overview_May2019.pdf

2-32) EOS社ホームページ、https://www.eos.info/eos_airbusgroupinnovationteam_aerospace_sustainability_study

2-33) GE additive社ホームページ、https://www.ge.com/additive/stories/blade-runner-40

2-34) 中野貴由、"三次元異方性カスタマイズ化設計・付加製造拠点の構築と地域実証"、戦略的イノベーション創造プログラム、https://www.sip-monozukuri.jp/module/pdf/document/sympo171113_theme21.pdf

2-35) R. Stone, "'National pride is at stake.' Russia, China, United States race to build hypersonic weapons," Latest News of American Association for the Advancement of Science, URL: https://www.sciencemag.org/news/2020/01/national-pride-stake-russia-china-united-states-race-build-hypersonic-weapons

2-36) S. Trimble and G. Norris, "Scramjet-Powered Cruise Missile Emerges As New U. S. Priority," AVIATION WEEK NETWORK, URL: https://aviationweek.com/defense-space/missile-defense-weapons/scramjet-powered-cruise-missile-emerges-new-us-priority

2-37) G. Warwick, "Raytheon Raises Hypersonics Visibility With DARPA Boost-glide

Contract," AVIATION WEEK NETWORK, URL: https://aviationweek.com/defense-space/raytheon-raises-hypersonics-visibility-darpa-boost-glide-contract

2 -38) V. A. Bityurin, A. N. Botcharov, V. G. Potebnya, and J. T. Lineberry, "MHD Effects in Hypersonic Flow about Blunt Body," The 2nd Workshop on Magnetoplasma Aerodynamics in Aerospace Applications, Moscow, Russia, April, 2000.

2 -39) K. G. Bowcutt, "Tackling the Extreme Challenges of Air-Breathing Hypersonic Vehicle Design, Technology, and Flight," URL: http://aero-comlab.stanford.edu/jameson/aj80th/bowcutt.pdf#search=%274%29+http%3A%2F%2Faerocomlab.stanford.edu%2Fjameson%2Faj80th%2Fbowcutt.pdf%27

2 -40) "Broad Set Of Hypersonic Cruise Missiles Under Review," unattributed article, AVIATION WEEK NETWORK, URL: https://aviationweek.com/shows-events/air-warfare-symposium/broad-set-hypersonic-cruise-missiles-under-review

2 -41) K. M. Sayler, "Hypersonic Weapons: Background and Issues for Congress," Congressional Research Service, CRS REPORT R45811, December 2020.

2 -42) W. H. Heiser and D. T. Pratt, "Hypersonic Airbreathing Propulsion," AIAA Education Series, 1994, pp.1-108.

2 -43) H. Besser, D. Göge, M. Huggins, A. Shaffer, and D. Zimper, "Hypersonic Vehicle – Game Changers for Future Warfare?," The Journal of the JAPCC, Edition 24, 2017, pp.11-27.

2 -44) H. Nakayama, T. Edanaga, S. Hashino, S. Tomioka, K. Kobayashi, and M. Takahashi, "A Dual-mode Scramjet Combustor employing a Jet Fuel for Hypersonic Flight Vehicle," AIAA Paper 2018-4452, July 2018.

2 -45) M. Cimenti and J. M. Hill, "Direct Utilization of Liquid Fuels in SOFC for Portable Applications: Challenges for the Selection of Alternative Anodes," Energies, Vol. 2, Issue 2, 2009, pp.377-410.

3 - 1) Jeffrey W. Eggers, "MQ-1 Predator/MQ-9 Reaper Unmanned Aircraft Systems," U. S. Air Force, Feb. 2008. の情報に基づき筆者作成

3 - 2) Kevin W. Williams, "An Assessment of Pilot Control Interfaces for Unmanned Aircraft," Federal Aviation Administration, DOT/FAA/AM-07/8, April 2007.

3 - 3) Leonard Kaufman and Peter J. Rousseeuw, "Finding Group in Data: An Introduction to Cluster Analysis," John Wiley & Sons, Sep. 25 2009.

3 - 4) John Pike, "Pioneer Short Range (SR) UAV," (http://www.fas.org/irp/program/collect/pioneer.htm)

3 - 5) The National Academies Press, "Human-Automation Integration Considerations for Unmanned Aerial System Integration into the National Airspace System", Proceedings of a Workshop National Academies of Sciences, Engineering and Medicine, Washington, DC, 2018.

3 - 6) 米空軍発表, (https://www.af.mil/News/Article-Display/Article/110297/predators-reapers-break-flying-record/)

3-7) NASAホームページ, (https://www.nasa.gov/centers/dryden/news/ResearchUpdate/Helios/)

3-8) Nicholas Stroumtsos, Gary Gilbreath and Scott Przybylski, "An intuitive graphical user interface for small UAS", (http://anyflip. com/ltdt/cook)

3-9) Sarter, N. B. and Woods, D. D. "Team play with a powerful and independent agent: Operational experiences and automation surprises on the Airbus A-320" Human Factors, 39 (4), pp.553-569, (1997).

3-10) Wiener, E. L., Chidester, T. R., Kanki, B. G., Palmer, E. A., Curry, R. E. and Gregorich, S. A. "The impact of cockpit automation on crew coordination and communication: I. Overview, FOFT evaluations, error severity, and questionnaire data," NASA Report No.177587, (1991).

3-11) NATO, "STANDARD INTERFACES OF UA CONTROL SYSTEM (UCS) FOR NATO UA INTEROPERANILITY", STANAG 4586.

3-12) 米陸軍発表, "Eyes of the Army U. S. Army Roadmap for Unmanned Aircraft Systems 2010-2035"

3-13) Defense World. NET社記事, "General Atomics Wins $134 Million for Production of Block 30 Ground Control Stations for Drones", (https://defenseworld.net/news/21475/General_Atomics_Wins__134_Million_for_Production_of_Block_30_Ground_Control_Stations_for_Drones#.X3QMAmj7QuU), 平成29年12月9日発表

3-14) 米空軍発表, "RPA Training Next transforms pipeline to competency-based construct," (https://af.ml/News/Article-Display/Article/220774/rpa-training-next-transforms-pipeline-to-competency-based-construct/), 令和2年6月3日発表

3-15) エアフォースタイムズ社記事, "AI-infused training coming for drone pilots, sensor ops," (https://www.airforcetimes/news/your-air-force/2020/06/22/ai-infused-training-coming-for-drone-pilots-sensor-ops/) 令和2年6月22日発表

3-16) ノースロップグラマン社発表, (https://youtube/watch?v=pCAe81aq6k0&t=231s)

3-17) ノースロップグラマン社発表, (https://news.northropgurumman.com/news/releases/northrop-grumman-u-s-navy-conduct-first-catapult-launch-of-x-47b-unmanned-aircraft) 平成24年11月29日発表

3-18) The Denver Post, "Navy launches unmanned aircraft from a carrier", (https://denverpost.com/2013/05/14/navy-launches-unmanned-aircraft-from-a-carrier/), 平成25年5月14日

3-19) 米海軍発表, (https://youtube.com/watch?=v=bsKbGc9TUHc&t=118s), 平成29年1月13日

3-20) SOARTECH社, (https://soartech.com/2020/06/23/soartech-awarded-ace-ta2/), 令和2年6月23日

3-21) DARPA, (https://darpa.mil/news-events/air-combat-evolution-technical-area-one-proposers-day) 令和2年3月26日

3-22) SOARTECH社, (https://soartech.com/autonomous-platforms/)

3-23) J. T. Reason, "Motion sickness adaptation: a neural mismatch model", Journal of the

Royal Society of Medicine, Volume 71 (11), pp.819-829, (1978).

3-24) 妹尾武治、伊藤裕之、須長正治、"VR空間における運転者と乗客のベクションの違いの検討"、日本バーチャルリアリティ学会論文誌、Vol.15, No.1, 2010.

3-25) 雨宮智浩、北崎充晃、池井寧、"上下揺と旋回の受動的身体動揺による疑似歩行感覚の生成"、日本バーチャルリアリティ学会論文誌、Vol. 24, No.4, 2019.

3-26) DARPA, (https://darpa. mi;/sttachments/ACE_ProporsersDayProgramBrief. pdf)、令和元年5月17日

3-27) 久保大輔、無人航空機システム（ドローン）の歴史と技術発展、計測と制御第56巻第1号 2017年1月号　http://www.jstage.jst.go.jp/article/sicejl/56/1/56_12/_pdf

3-28) 防衛省、将来無人装備に関する研究開発ビジョン　〜航空無人機を中心に〜、2016年8月31日　http://www.mod.go.jp/atla/soubiseisaku/vision/future_vision.pdf

3-29) 才上隆、防衛技術基礎講座　航空装備技術　第8講　無人機技術、防衛技術ジャーナル2015年4月号.

3-30) 才上隆ほか、滞空型無人機の研究−飛行実証について、第46回飛行機シンポジウム、2008年11月.

3-31) 防衛省、遠隔操作型支援機技術の研究、平成30年度政策評価書（事前の事業評価）、2018年.

4-1) https://www.mod.go.jp/j/approach/defense/bmd/

4-2) https://www.raytheonmissilesanddefense.com/sites/rtx1/files/2020-01/kv_gal_img5.jpg

4-3) https://www.lockheedmartin.com/en-us/products/pac3-mse.html#

4-4) 久保田浪之介、ロケット燃焼工学、日刊工業新聞社、1995、pp.166-167.

4-5) 小山、「2波長赤外線センサを用いた2波長融合処理について」、防衛装備庁技術シンポジウム2015.

4-6) 防衛技術ジャーナル編集部編、「ミサイル技術のすべて」、防衛技術協会、2006

4-7) 防衛白書（平成30年度）

4-8) BAE systems, "THAAD seeker.", 2020.

4-9) BAE systems, "Long range anti-ship missile（LRASM）RF sensor", 2020.

4-10) Joint Strike Missile, https://www.raytheonmissilesanddefense.com/capabilities/products/joint-strike-missile

4-11) 研究開発ビジョン〜多次元統合防衛力の実現とその先へ〜、2019.

4-12) 防衛装備庁ホームページ

4-13) 海上自衛隊ホームページ

4-14) P. Viola他、"Rapid Object Detection Using a Boosted Cascade of Simple Features", Proc. of IEEE Conference on Computer Vision and Pattern Recognition, 2001.

4-15) N. Dalal他、"Histograms of Oriented Gradients for Human Detection", Conference on Computer Vision and Pattern Recognition, pp.886-893, 2005.

4-16) David G. Lowe, "Distinctive image features from scaleinvariant keypoints", Int. Journal of Computer Vision, Vol.60, No.2, pp.91-110, 2004.

4-17) L. Breiman, "Random Forests", Machine Learning, 45, 5-32, 2001.

4-18) 原田、画像認識、講談社機械学習プロフェッショナルシリーズ、2017.

4-19) L. Liu他、"Deep Learning for Generic Object Detection: A Survey", arXiv:1809.02165v4, 2019.

4-20) Alex Krizhevsky他、"ImageNet Classification with Deep Convolutional Neural Networks", NIPS'12: Proceedings of the 25th International Conference on Neural Information Proceeding Systems, Vol.1, 1097-1105, 2012.

4-21) 岡谷、"画像認識のための深層学習の研究動向－畳込みニューラルネットワークとその利用法の発展"、人工知能、31 (2)、169-179、2016.

4-22) https://www.rand.org/content/dam/rand/pubs/research_reports/RR2100/RR2137/RAND_RR2137.pdf

4-23) https://www.mod.go.jp/atla/kousouken.html

4-24) http://www.dodccrp.org/events/10th_ICCRTS/CD/presentations/325.pdf

4-25) 大内和夫（編著）、平木直哉、木寺正平、松田庄司、小菅義夫、小林文明、松波勲、佐藤源之（共著）：レーダの基礎　―探査レーダから合成開口レーダまで―、コロナ社（2017）.

4-26) https://j-nav.org/space/presentation/201211_radar_target_tracking.pdf

4-27) Eli Brookner: Tracking and Kalman Filtering Made Easy, John Wiley & Sons(1998).

4-28) Yaakov Bar-Shalom, William Dale Blair: Multitarget-Multisensor Tracking: Applications and Advances Volume Ⅲ, Artech House（2000）.

4-29) https://www.mod.go.jp/atla/soubiseisaku/vision/rd_vision_full.pdf

〈防衛技術選書〉兵器と防衛技術シリーズⅢ①

航空装備技術の最先端

2023年1月30日　初版　第1刷発行

編　者　　防衛技術ジャーナル編集部
発行所　　一般財団法人 防衛技術協会
　　　　　東京都文京区本郷3－23－14　ショウエイビル9F（〒113-0033）
　　　　　電　話　03－5941－7620
　　　　　FAX　03－5941－7651
　　　　　URL　https://www.defense-tech.or.jp
　　　　　E-mail　dt.journal@defense-tech.or.jp
印刷・製本　ヨシダ印刷株式会社